中等职业教育土木建筑大类专业"互联网十"数字化创新教材
中等职业教育"十四五"系列教材

中 外 建 筑 简 史

庞 玲 主 编
岳现瑞 副主编
崔永娟 主 审

中国建筑工业出版社

图书在版编目（CIP）数据

中外建筑简史/庞玲主编；岳现瑞副主编. —北
京：中国建筑工业出版社，2022.9
中等职业教育土木建筑大类专业"互联网＋"数字化
创新教材 中等职业教育"十四五"系列教材
ISBN 978-7-112-27769-8

Ⅰ．①中… Ⅱ．①庞… ②岳… Ⅲ．①建筑史-世界
-中等专业学校-教材 Ⅳ.①TU-091

中国版本图书馆 CIP 数据核字（2022）第 150910 号

本书是新形态数字化教材。全书包括中国建筑史、外国建筑史两篇，重点
介绍中外建筑发展概况、建筑形式、建筑特点、最具代表性的建筑，并介绍了
一些典型建筑流派的代表人物与代表作品。本书内容简明扼要，图文并茂，通
俗易懂，每讲后附有思考题，可供学生巩固和练习。

本书可作为职业教育工程造价、城镇建设、建筑表现、房地产等相关专业
教材，还可供从事相关专业的学者和工程技术人员参考，同时也可作为一本介
绍中外建筑史的普及性读物。

本书配有数字资源，主要为微课程和思考题参考答案，可供学习时参考，
微信扫描二维码即可获得。

为了更好地支持相应课程的教学，我们向采用本书作为教材的教师提供课
件，有需要者可与出版社联系。建工书院：http://edu.cabplink.com，邮箱：
jckj@cabp.com.cn,2917266507@qq.com，电话：（010）58337285。

＊ ＊ ＊

责任编辑：聂 伟
责任校对：张 颖

本书数字资源

中等职业教育土木建筑大类专业"互联网＋"数字化创新教材
中等职业教育"十四五"系列教材
中外建筑简史
庞 玲 主 编
岳现瑞 副主编
崔永娟 主 审

＊

中国建筑工业出版社出版、发行（北京海淀三里河路 9 号）
各地新华书店、建筑书店经销
霸州市顺浩图文科技发展有限公司制版
天津翔远印刷有限公司印刷

＊

开本：787 毫米×1092 毫米 1/16 印张：15¾ 字数：387 千字
2023 年 5 月第一版 2023 年 5 月第一次印刷
定价：46.00 元（附数字资源及赠教师课件）
ISBN 978-7-112-27769-8
（39947）

版权所有 翻印必究
如有印装质量问题，可寄本社图书出版中心退换
（邮政编码 100037）

前　言

　　学习建筑史，可以了解建筑的基本知识，中外建筑的发展历程，各历史阶段的建筑特点，掌握一些典型建筑的设计风格，可以使学生开阔视野，拓展思维，提高建筑素养、人文素质。

　　价值引领是本书思政的核心，在每篇的开头结合内容阐述思政目标、思政切入点。

　　本书结合职业教育的特点，注重可读性和实用性，搜集整理大量实例，并制作了微课视频，激发学生兴趣。微课素材通过"二维码"的形式添加在书中相关知识点一侧，读者可使用微信扫码进行查看及学习。

　　全书共包括 2 篇 12 讲，由庞玲主编，并负责全书的统稿工作，岳现瑞为副主编。谭丽丽、祝煜、李意、李园芳、许丽华、蒋艺参加编写。庞玲、岳现瑞编写思政要点。崔永娟为本书主审。编写分工如下：庞玲编写第 1 讲、第 2 讲；祝煜、岳现瑞编写第 3 讲、第 6 讲、第 7 讲；李意、谭丽丽编写第 4 讲、第 5 讲；李园芳、王颖编写第 8～10 讲；许丽华、蒋艺编写第 11 讲、第 12 讲。广西广宏工程咨询有限公司的蒋燕、广州鸿浩工程咨询有限公司的邝福妹参加了第 1、2 讲的编写。

　　限于编写时间和编写水平，书中难免存在不足和不当之处，恳请读者不吝批评指正，诚挚希望本书能为学习建筑史知识带来更多的帮助。

目　录

第二篇　外国建筑史

第一篇　中国建筑史

　　中国是一个土地辽阔、资源丰富、人口众多的国家，具有悠久历史和灿烂文化。中国建筑是中国灿烂文化的一个重要组成部分，中国古代的建筑以木构架房屋为主，并且不断发展成纵深向的院落式布局，这种独特建筑体系，一直沿用到近代，还曾对周围的朝鲜、日本和东南亚地区产生影响。它是一种延续时间最长、从未中断、特征明显而稳定、传播范围甚广、有很强适应能力的建筑体系。

　　在原始社会，人们逐步掌握了营建地面建筑的技术，由此中国木构建筑有了萌芽。进入奴隶社会，奴隶的劳动和青铜器的使用，促进了生产力的提高，推动了建筑的发展，出现了都城、宫殿、宗庙、陵墓等建筑，木构建筑日趋成熟。而后经过长期的封建社会，中国建筑在城市建设、个体建筑、群体建筑、园林造景、建筑材料、建筑技术、建筑艺术等方面，逐步成熟、完整。

　　学习中国建筑史，可以使我们掌握中国建筑历史的基本知识，提高建筑理论、建筑艺术和建筑历史的修养，丰富我们的思维模式。

【思政要点】

一、思政目标

1. 增强民族自豪感和文化自信；
2. 培养科学精神、创新精神、工匠精神，增强职业自豪感；
3. 培养专业能力、发扬并传承民族瑰宝与文化；
4. 弘扬孝道文化。

二、思政切入点

序号	思政切入点	引例
1	民族自豪感、大国风范、文化自信	中国古建筑以精巧的木构架结构、大屋顶的建筑形象、完美的建筑群体组合、精美的建筑装饰展现出独特的建筑艺术魅力，形成了独特的建筑体系
		屋顶形式多样，屋顶举折和屋檐起翘、出翘，塑造了柔和优美的屋面曲线，如鸟翼伸展的檐角，极具艺术魅力
		唐朝国力昌盛，声誉远播，万国来朝，与亚欧国家交流活跃，经济、社会、文化、艺术呈现出多元、开放、包容等特点，对中国和世界文明的进步与发展产生了重大影响

序号	思政切入点	引例
2	科学精神、创新精神、工匠精神、凝聚力、专业能力,增强职业自豪感	斗拱构思巧妙、结构精巧、制式缜密、美妙绝伦,让人不得不感叹古代工匠的惊人智慧
		斗拱层层叠加,秩序井然,越抱越紧,有着难以估量的承载力,可以托起千钧重量。中国人愿意赋予它立鼎万钧、和衷共济、团结向上的精神
		鲁班被尊为建筑工匠祖师,鲁班发明和创造的故事,是中华民族不断创新进步的精神源泉
		山西应县佛宫寺释迦塔(应县木塔)的结构科学合理,榫卯结合,刚柔相济,两个内外相套的八角形,四道暗层,使木塔的强度和抗震性能大大增强
		分析总结故宫的建筑成就,感受故宫规模之宏大,建筑之宏伟,装饰之富丽
3	民族瑰宝、文化传承、爱国情怀、传承优秀文化	中国古建筑对梁枋等结构构件的艺术加工,同时融合了工艺美术、绘画、雕刻、书法等方面的卓越成就,民族特色鲜明
		祈年殿造型优美,雄伟庄重,构思巧妙,构架精巧,工艺精制,色调纯净,运用方圆、数字、蓝色等象征艺术手法,把天的崇高、神圣和古人对"天"的认识、崇敬以及"天人关系"淋漓尽致地表现出来,是古建艺术的成功典范
		19世纪末到20世纪初,民族意识高涨、中国固有式建筑的推行、建筑师对新建筑形式和先进建筑技术与民族形式相结合的积极探索
4	弘扬孝道文化、爱家乡、和谐友善、文化传承	陵墓的典型特征与孝道文化
		现代住宅建造因地制宜,就地取材,注重与环境的和谐,加之中国古代文化多以地域划分,因此表现出强烈的地方特色
5	树立和谐理念,倡导绿色发展	中国园林以"虽为人作,宛自天开"为设计指导思想,崇尚自然、热爱自然、讴歌自然,人与自然和谐相处
6	加强历史教育	英法联军火烧圆明园的事件,警示我们"落后就要挨打"
7	增强责任与使命,培养职业精神和创新意识	中国当前建筑活动繁荣,在桥梁、高铁等方面也成绩斐然。同学们可以收集分享

第1讲

中国古代建筑的特征

学习目标

知识目标：

1. 了解中国古代建筑木构架结构体系的优点，掌握木构架的主要结构形式；
2. 熟悉中国古代单体建筑和群体建筑的典型特征；
3. 了解中国古代建筑在雕饰、屋面装饰、小木作装修、色彩等方面的装饰特征。

能力目标：

能简要分析中国古代建筑的木构架结构形式。

思维导图

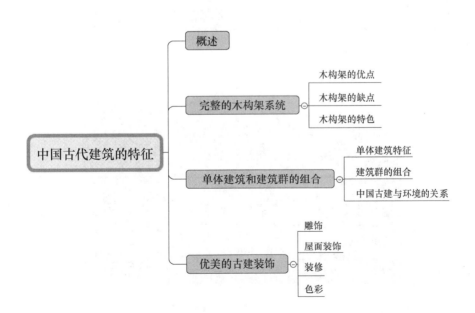

问题引入

如图 1.1 所示，你知道中国古代建筑有哪些特征吗？

请同学们分组上网，用关键字"中国古代建筑特征"搜索，收集整理相关图片，制作分享相册，说一说你查阅到的中国古建筑特征。

(a) 木构架

(b) 装饰的使用

(c) 建筑群由多重院落组成

图 1.1　中国古建筑特征

1.1　概述

中国古代建筑在经历了漫长的发展历程后，形成了独特的建筑体系，全国大部分地区都使用木构架承重的建筑，木构架建筑是中国使用面最广、数量最多的一种建筑类型。中国古代单体建筑、建筑的"第五立面"——大屋顶的建筑形象，建筑群的组合，精美的建筑装饰，都展现出独特的建筑艺术魅力，在世界建筑历史中占有重要地位。其主要特点有：

1. 完整的木构架系统

中国古建筑以木构架结构为主要的结构方式，由此创造出独特风格的各种平面和外观。

2. 独特的建筑特征

中国古建筑屋顶造型特殊，以"间"为单位，再以这种单体建筑组成"庭院"，进而以庭院为单元组成各种形式的组群。其组合大都采用均衡对称的方式，沿纵轴线与横轴线进行规划。或以某一大型建筑为中心，以庭院环绕周围，布局独特出新。

码 1-1　中国古代建筑的特征

3. 装饰优美色彩绚丽

中国古建筑大到结构部件、兽吻、瓦当，小到门窗、雕饰、天花，都具有很鲜明的装饰形状或图案。古建筑对色彩的运用主要有，在宫殿建筑柱头、护栏、梁上、墙上有彩绘，并使用朱红、青、淡绿、黑灰、白、黑等颜色。

1.2　完整的木构架系统

木构架系统，采用的原则是"架构制"（图 1.2），即在四根垂直柱的上端，用两横梁两横枋周围牵制成一"间架"（梁与枋为同样的材料，梁较枋可略壮大，在"间"之左右称为梁，在"间"之前后称为枋），这是"架构制"骨干最简单的说法。总之，"架构制"最重要的要素是：负责承重的是垂直的立柱，墙体不承重，只起到围护和分隔的作用，使这些立柱发生联络关系的是梁与枋。

因此，"墙倒屋不塌"可以形象地表达中国木构架的结构特点。

图 1.2　构架

1. 木构架的优点

（1）取材方便。在古代，我国广袤的土地上散布着大量茂密的森林，包括黄河流域，曾是气候温润、林木森郁的地区。随着青铜工具的使用，加之木材易于加工，木构架逐渐成为我国独特的、成熟的建筑形式。

（2）适应性强。木构架建筑是由柱、梁、檩、枋等构件形成框架来承受屋面、楼面荷载，墙并不承重，只起围护、分隔的作用，因此房间内部可自由分隔空间，灵活性强。

（3）有较强的抗震性能。木构架的组成采用榫卯连接，榫卯节点具有一定程度的活动性，使整个木构架在消减地震作用的破坏方面具备很大的潜力。许多经受大地震的著名木构架建筑如天津蓟县独乐寺观音阁（辽代建筑，建于公元984年，见图1.3）、山西应县佛宫寺塔（辽代建筑，建于公元1056年，见图1.4），建成已千年左右，至今完好地保存，就是有力的证明。

图1.3 天津蓟县独乐寺观音阁

图1.4 山西应县佛宫寺塔

图1.5 山西永济县永乐宫

（4）施工速度快，便于修缮，甚至可以整体搬迁。榫卯节点可拆卸，替换某种构件或整座房屋拆迁，都比较容易做到。如山西永济县永乐宫（建于公元1247年，见图1.5），是一座有代表性的元代道观，1959年至1964年，三门峡水库的修建使得永乐宫位于库区淹没区，其被整体搬迁至芮城县城北郊的龙泉村附近，距离原址20km。

2. 木构架的缺点

木构架建筑也存在着一些根本性的缺陷：

首先，木材越来越少，森林的大量砍伐，使我国的生态环境日益恶化，也使木构架建筑失去了发展的前提。

其次，木构架建筑易发生火灾，在南方，还有白蚁对木构架建筑的严重威胁。木材受潮后易于朽坏也是一大缺点。

最后，木构架难以适应更大、更复杂的空间需求，木材消耗量也很大，从而限制了它的发展前景。

3. 木构架的特色

（1）木构架的结构组成

在木构架体系中，木构架建筑的主要结构部分被称作"大木作"。大木作由柱、梁、枋、檩、椽、斗拱等组成，如图 1.6 所示。

码 1-2　大木作

(a) 大木作模型

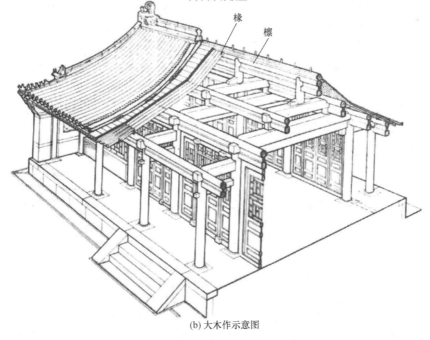

(b) 大木作示意图

图 1.6　大木作模型和大木作示意图

柱是垂直承重构件；

梁是主要的水平受力构件，方向与建筑物侧立面平行；

枋是柱上联络与承重的水平构件，方向与建筑物的正立面平行，与梁垂直，起稳定柱梁和辅助承重的作用；

檩是与屋脊平行的构件，承受屋面荷载，并将荷载传递给梁和枋；

椽垂直搁置在檩上，是直接承受屋面荷载的构件。

（2）木构架的结构形式

中国木构架建筑的结构体系有抬梁式、穿斗式、井干式 3 种结构形式。

1）抬梁式

抬梁式（又称叠梁式）是使用范围最广的一种木构架形式。抬梁式的特点是在柱上搁置梁头，梁头上搁置檩条，梁上再用矮柱支撑起较短的梁，层层叠叠而上，一般有 3～5 根梁，如图 1.7 所示。

这种木构架多用于北方地区及宫殿、庙宇等规模较大的建筑物。

其优点是室内柱子少，可获得较大的室内空间，但梁、柱比较费料。

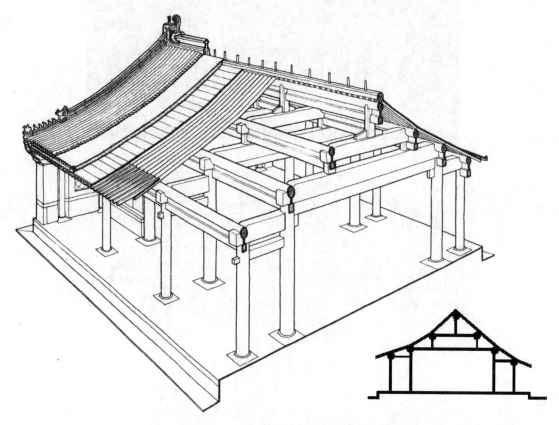

图 1.7　抬梁式木构架示意图

2）穿斗式

穿斗式的特点是沿房屋的进深方向（侧立面方向）按照檩条的数量立一排柱，檩条直接搁置在柱头上，不用梁；每排柱子用穿透柱身的穿枋横向贯穿起来，成一榀榀屋架，在沿檩条方向，再用斗枋把柱子串联起来，由此形成一个整体的框架，如图 1.8 所示。

　　这种木构架广泛用于江西、湖南、四川等南方地区。

　　其优点是用料较小、整体性强，山墙面抗风性能好；缺点是柱子较密，室内空间不够开阔。

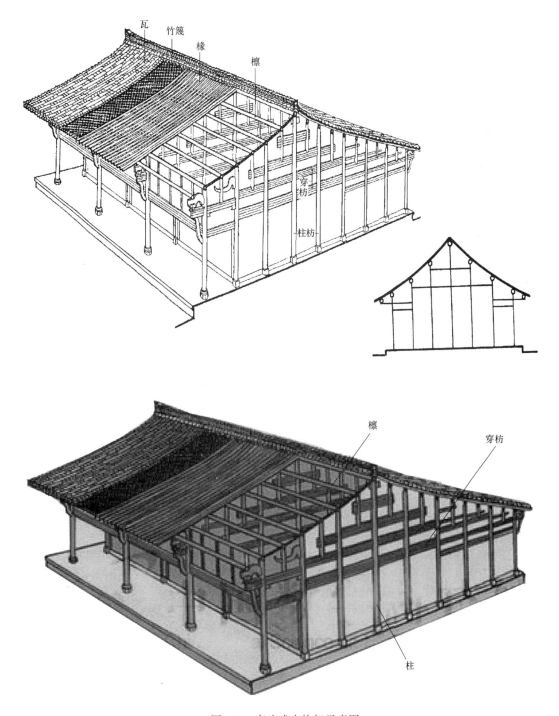

图 1.8　穿斗式木构架示意图

3）井干式

井干式用天然原木或方形、矩形、六角形断面的木料，平行向上层层叠叠，构成房屋壁体，如图1.9所示。

由于井干式结构耗用木材较多，尺度和门窗开设都受限制，因此仅用于少数森林地区。井干式建筑曾在中国的云南、四川、内蒙古和东北地区有分布。

图1.9 井干式房屋

（3）极富特色的结构部件——斗拱

码1-3 斗拱

斗拱是中国古代木构架建筑特有的结构部件，其作用是在柱子上伸出悬臂梁承托出檐部分的重量，同时又有很好的装饰作用，如图1.10所示。

斗拱的基本构件有：斗、拱、翘、昂、升。它们之间采用榫卯连接，共同构成一个整体。拱架在斗上，向外排出，拱端之上再安斗，这样逐层纵横交错叠加，形成上大下小的托架，如图1.11所示。

图1.10 斗拱实例

斗：是斗拱中承托拱、昂的方形木块，形状如斗而得名，斗上开的是"十字口"，位于最底端的斗为坐斗。

拱：与建筑物表面平行的弓形构件，一般起横向承挑作用。

翘：外形与拱相同，其承挑方向与拱不同，翘为纵向出挑的短枋木，一般为与建筑物表面成45°或60°夹角的弓形构件。

昂：昂与翘一样是纵向出挑构件。起杠杆作用或者装饰作用，其前端有尖，斜向下，尾伸于屋内。

升：位于拱、翘、昂的两端，介于上下两层拱之间，用于承托上层构件，实际上是一种小斗，升上只开一面口。

斗拱可分为外檐斗拱和内檐斗拱两大类。按照具体部位又分为柱头斗拱（宋代称柱头

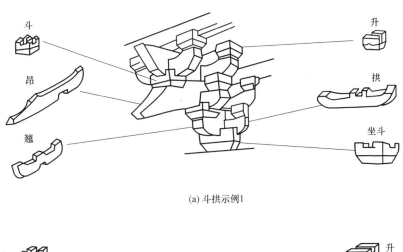

(a) 斗拱示例1

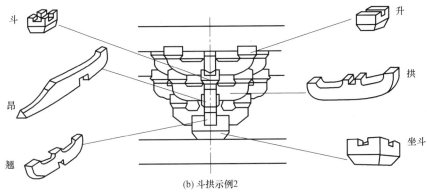

(b) 斗拱示例2

图 1.11　斗拱的组成

铺作，清代称柱头科）、柱间斗拱（宋代称补间铺作，清代称平身科）、转角斗拱（宋代称
转角铺作，清代称角科），如图 1.12 所示。

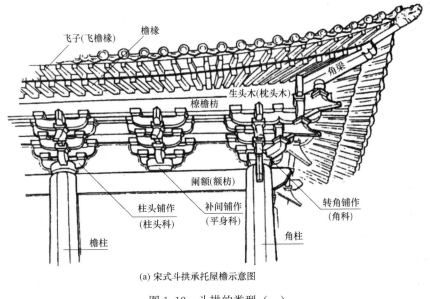

(a) 宋式斗拱承托屋檐示意图

图 1.12　斗拱的类型（一）

（b）斗拱实例

图 1.12　斗拱的类型（二）

斗拱一般用于高级的官式建筑中。斗拱在结构和装饰方面起着重要作用，也是封建社会森严等级制度中建筑等级的象征。

斗拱是典型的中国元素。人们一望而知，斗拱层层叠加，秩序井然，越抱越紧，有着难以估量的承载力，可以托起千钧重量。中国人愿意赋予它立鼎万钧、和衷共济、团结向上的精神。

1.3　单体建筑和建筑群的组合

中国古代建筑的单体建筑、建筑群都极富特征，同时中国古代建筑非常注重建筑与环境的关系。

1. 单体建筑特征

（1）外观分三段

我国古代单体建筑房屋采用木构架，木构架房屋需防潮和防雨水淋，故需要高出地面的台基和出檐较大的屋顶，因此其外观上明显分为台基、屋身、屋顶 3 部分，如图 1.13 所示。

（2）标志性的"大屋顶"，屋面凹曲、屋角上翘

屋顶对建筑立面起着特别重要的作用，运用屋顶形式创造独特的艺术形象是我国古建筑重要的特征之一。"大屋顶"是我国古建独特的标志性造型。

屋顶的形式有庑殿（四坡）、歇山（庑殿与两坡的结合）、悬山（两坡）、攒尖（方锥、圆锥，用于塔、亭、阁等面积不太大的建筑屋顶）、卷棚以及盝顶（攒尖顶切去一截成为盝顶）、盔顶等，加上灿烂夺目的琉璃瓦，使中国建筑的"第五立面"最具魅力。中国古代单体建筑屋顶样式如图 1.14 所示。

屋顶最初需要解决雨水和日光的问题，故将檐出挑，使檐突出并非难事，但是檐深则低，低则阻碍光线，且雨水顺势急流，出现檐下溅水的问题。为解决这个问题，发明了

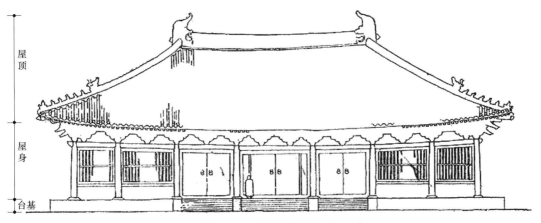

图 1.13　古建筑外观组成

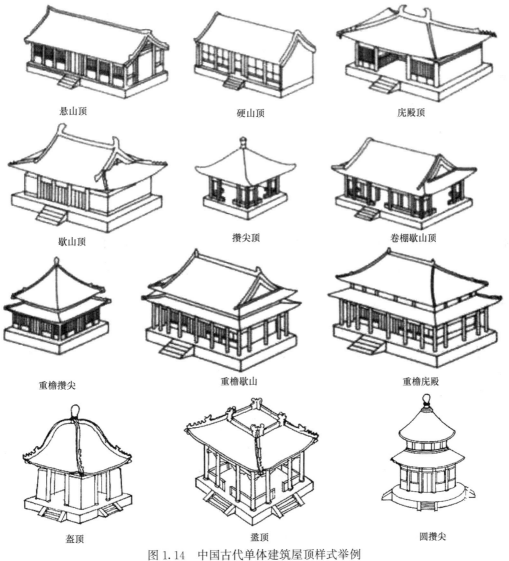

| 悬山顶 | 硬山顶 | 庑殿顶 |

| 歇山顶 | 攒尖顶 | 卷棚歇山顶 |

| 重檐攒尖 | 重檐歇山 | 重檐庑殿 |

| 盝顶 | 盔顶 | 圆攒尖 |

图 1.14　中国古代单体建筑屋顶样式举例

飞檐，使檐沿稍翻上去，微成曲线，屋角起翘在结构上极其自然合理又美观。

屋面屋角起翘的雏形，最早见于东汉，至唐成为通用做法，后世更设法加大翘起的程度，其成为中国古代重要建筑在屋顶外观上又一显著特征，称为"翼角"，如图1.15所示。

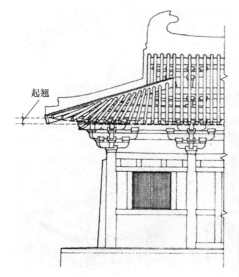

起翘

图1.15 屋顶翼角示意图和实例

历来被视为极特异、极神秘的屋顶曲线，不仅符合结构法的原则，非常自然，同时在美观实用方面也非常成功。坡屋顶的全部曲线，上部巍然高举，檐部如翼轻展，使本来极无趣、极笨拙的屋顶，一跃而成为整个建筑的美丽冠冕。

（3）以间为基本构成单位

"间"由相邻两榀屋架构成。中国古代单体建筑的平面以"间"为单位，"间"在平面上是一个建筑的最小单位，由间构成单座建筑。普通建筑全是多间的且间数为单数。

木构建筑正面相邻檐柱之间的水平距离称为开间（也称为面阔），各开间之和称为通面阔。间的名称从中间至两端分别称为"明间""次间""梢间""尽间"。木构架建筑侧面为进深方向，屋架上相邻两檩中心线的水平距离称为步（也称为进深），各步之和称为通进深。

木构架建筑的"间"如图1.16所示。

单座建筑最常见的平面是由3、5、7、9等单数的间组成的长方形。在园林及风景区则有方形、圆形、三角形、六角形、八角形、花瓣形等平面形状以及各种别出心裁的形式，如图1.17所示。

2. 建筑群的组合

（1）中轴对称的院落式布局

中国古代建筑以群体组合见长，宫殿、陵墓、坛庙、衙署、邸宅、佛寺、道观等都是众多单体建筑组合起来的建筑群。其主要采取以单层房屋为主的封闭式院落布置。

房屋以间为单位，若干间并联成一座房屋，几座房屋沿地基周边布置，共同组成庭院。其重要建筑布置在院落中心，四周被建筑和围墙包围。院落大多取南北向，主建筑在中轴线上，除大门向街巷开门外，其余都向庭院开门窗，庭院是各房屋间的交通枢纽，又

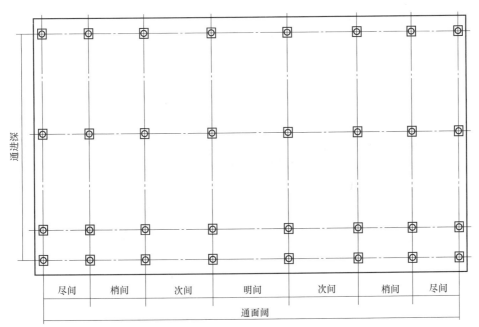

图 1.16　木构架建筑的 "间"

(a) 方形平面建筑

(b) 圆形平面建筑

(c) 扇形平面建筑

图 1.17　不同平面形状的建筑

是封闭的露天活动场所，这种四面或三面围成的院落大多左右对称，有一条穿过正房的南北中轴线，如图 1.18 所示。

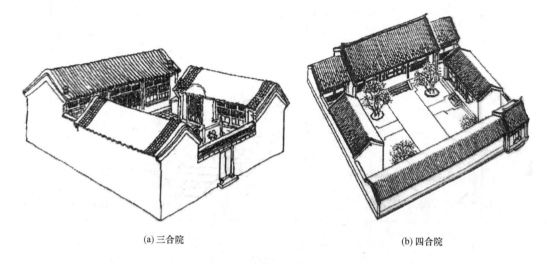

(a) 三合院　　　　　　　　　　　　　(b) 四合院

图 1.18　中轴对称的院落式布局

（2）重重院落纵深发展

院落式的群组布局决定了中国古代建筑的又一个特点，即重要建筑都在庭院之内，很少能从外部一览无遗。越是重要的建筑，必有重重院落为前奏，在人的行进中层层展开，这样，当主建筑最后展现在眼前时，可以增加人的激动和兴奋之情，加强主建筑的艺术感染力。那些前奏院落在空间上的收放、开合变化，也能反衬出主院落和主建筑的压倒一切的地位。建于 15 世纪初的明、清北京宫殿是现存最宏伟、空间变化最丰富、最能代表院落式布局特点的杰作。

3. 中国古建与环境的关系

中国古代两大主流哲学派别——儒家和道家都主张"天人合一"的思想。这种思想促进了建筑与自然的相互协调与融合。历史上，主要从以下几个方面来处理建筑与环境的关系。

（1）善择基址

无论城市还是住宅都非常重视选址问题，人们对地形、地貌、植被、水文、小气候、环境容量等方面进行勘察，究其利弊做出选择。

（2）因地制宜

随地势高下、基址广狭以及河流、山丘、道路的形势，灵活布置建筑与村落城镇。

（3）整治环境

对环境的不足之处进行补充与调整，以保障居住者的生活质量。如开池引流、修堤筑堰、植林造桥、兴建楼馆，以满足供水、排水、交通、防卫、消防、祭祀、娱乐等方面的需求。

（4）心理补偿

除了上述环境整治外，还采用文字的手段进行补偿。如通过匾联、题刻、诗文等方式改善建筑与环境的关系。

1.4　优美的古建装饰

中国古代建筑还有一个特点是结构构件与装饰的统一。本书介绍常见的几种装饰。

1. 雕饰

古代建筑的各种构件往往顺应其形状、位置进行艺术加工，使之起到装饰作用。雕饰是中国古建艺术的重要组成部分，雕饰包括砖雕、石雕、木雕及金银铜铁等建筑装饰物，如图 1.19 所示。

(a) 石雕

(b) 砖雕

图 1.19　雕饰实例（一）

(c) 木雕

图 1.19　雕饰实例（二）

2. 屋面装饰

不仅是木构件，屋顶瓦件也多兼实用、装饰于一身。这些部分稍加艺术处理，也变成美观而独具特色的饰物。古代建筑坡屋顶的正脊和各条斜脊上一般使用瑞兽装饰。

（1）兽吻

兽吻最早称为鸱尾，用于正脊的两端。鸱尾带有一点象征意义，因传说鸱鸟能吐水，将它放在瓦脊上可避火灾。早期鸱尾外形和装饰都较简单；中唐及辽代鸱尾下部出现张口的兽头，尾部逐渐向鱼尾过渡；元代鸱尾向外卷曲，改称鸱吻；明清时变成龙头，背上出现剑把，改称兽吻或大吻，如图 1.20 所示。

（2）走兽

走兽又称小兽，走兽最初为一种大木钉，以防止斜脊上面瓦片溜下，后来成为中国古代宫殿建筑屋顶檐角的装饰物，被赋予了等级含义，其实际是保护瓦钉的钉帽，如图 1.21 所示。

唐宋时，屋角的位置上只有 1 枚兽头，以后逐渐增加了 2~8 枚蹲兽。清代规定屋角是仙人骑凤，之后依次为龙、凤、狮子、天马、海马、狻猊（suānní）、押鱼、獬豸（xièzhì）、斗牛、行什。走兽的多少与建筑规模和等级有关，数目必须是 1、3、5、7、9 等单数。中国古建筑中只有太和殿用满了 11 枚走兽，其他建筑都少于此数目。

3. 装修

装修（宋称小木作）可分为外檐装修和内檐装修。前者在室外，如走廊的栏杆、檐下的挂落和对外的门窗等。后者装在室内，如各种隔断、罩、天花、藻井等。

木构架房屋内部可全部打通，也可按需要用木装修灵活分隔。分隔的方式可实可虚，实的如屏门、隔扇、板壁等，虚的如落地罩、飞罩、栏杆罩、圆光罩、多宝阁（博古架）、太师壁等，都是半隔半敞，不设门扇，做到隔而不断。装修实例如图 1.22 所示。

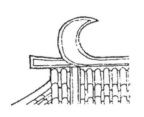

敦煌隋代第419窟

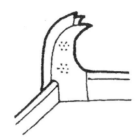

敦煌盛唐第172窟

佛光寺大殿元代仿唐式样

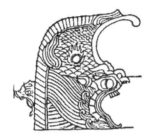

蓟县独乐寺山门(辽)

塑县崇福寺弥陀殿(金)

北京智化寺万福阁(明)

北京太和殿兽吻

图 1.20　兽吻

(a) 故宫太和殿檐角走兽

(b) 独乐寺檐角走兽

图 1.21　檐角走兽示例

　　其中，天花是建筑物内用以遮蔽梁架的构件。天花的做法有两种：一种是在梁下用天花枋组成木框，框内放置密而小的木方格，称作平闇（àn）。另一种是在木框间放较大的木板，板下施以彩绘或贴上有彩色图案的纸，称作平棊（qí），这种做法在宋代以后较多使用。

　　藻井是一种高级的天花形式，是天花向上凹进的部分，一般用在重要殿堂明间的正中，如帝王御座、神佛像座之上。其形式有方形、矩形、八角形、圆形等，上有雕刻或彩

(a) 版门

(b) 隔扇门

(c) 直棂窗

(d) 槛窗

(e) 漏窗实例

(f) 支摘窗

(g) 不同形式的罩

图 1.22　装修实例（一）

(h) 落地罩

(i) 圆光罩

(j) 多宝阁

(k) 太师壁

(l) 室内落地罩装修示意图

(m) 室内圆光罩装修示意图

(n) 山西五台山佛光寺大殿平闇天花

(o) 故宫太和门平棊天花

图 1.22 装修实例（二）

(p) 帝王宝座上方的藻井　　　　　　(q) 佛像上方的藻井

图 1.22　装修实例（三）

绘。在中国古代，建筑以木结构建筑为主，防火成为头等大事，在殿堂、楼阁最高处作井，画上许多类似水藻纹的图案，意为"此处有水，不会着火"，"藻井"有五行以水克火，预防火灾之意。

4. 色彩

色彩的使用是我国古代建筑最显著的特征之一。宫殿庙宇中的黄色琉璃瓦顶，朱红色屋身，檐下阴影里用蓝绿色略加点金，再衬以白色石台基，轮廓鲜明，富丽堂皇。一般民居用青灰色的砖墙瓦顶，或用粉墙瓦檐，木柱、梁枋门窗等多用黑色、褐色或木本色，如图 1.23 所示。

常用的色彩有青、赤、黄、黑、白等。从西周开始，色彩的使用就已经有严格的等级制度，至明清时期，色彩以黄、红为尊，青、绿次之，黑、灰最下。

(a) 明清宫殿建筑色彩　　　　　　(b) 明清民居色彩

图 1.23　色彩的使用

思考题

一、选择题

1.（多选题）木构架的优点有（　　）。

A. 取材方便　　　　　B. 适应性强　　　　　C. 有较强的抗震性能

D. 施工速度快，维修方便　　　　　　　E. 木材消耗量大，易燃易朽

2.（多选题）木构架的结构形式有 3 种，分别为（　　）。

A. 叠梁式　　　　　B. 穿斗式　　　　　C. 井干式

D. 斗拱式　　　　　E. 悬梁式

3.（多选题）大木作由（　　）组成。

A. 柱　　　　　　　B. 梁　　　　　　　C. 枋

D. 檩　　　　　　　E. 椽　　　　　　　F. 斗拱

4.（多选题）单体建筑特征为（　　）。

A. 标志性的"大屋顶"，屋面凹曲、屋角上翘

B. 外观分三段　　　　　　　C. 以间为基本构成单位

D. 中轴对称的院落式布局　　　E. 重重院落纵深发展

5.（多选题）斗拱的基本构件有（　　）。

A. 斗　　　　　　　B. 拱　　　　　　　C. 翘

D. 昂　　　　　　　E. 升

6.（多选题）以下关于斗拱的描述正确的有（　　）。

A. 斗拱一般用于高级的官式建筑中，可分为外檐斗拱和内檐斗拱两大类

B. 斗拱按照具体部位可分为柱头斗拱、柱中斗拱、转角斗拱

C. 斗拱在结构和装饰方面起着重要作用

D. 斗拱是衡量建筑及构件尺度的计量标准

E. 斗拱是封建社会森严等级制度中建筑等级的象征

7.（单选题）单体建筑外观的组成不包括（　　）。

A. 台基　　　　　B. 屋身　　　　　C. 大翼角　　　　　D. 屋顶

8.（单选题）中国建筑的"第五立面"是指（　　）。

A. 大翼角　　　　　B. 屋身　　　　　C. 台基　　　　　D. 屋顶

二、判断题（对的打√，错的打×）

1. 走兽位于屋角上，走兽的多少与建筑规模和等级有关，数目必须是 1、3、5、7、9
等单数。中国古建筑只有太和殿用满了 11 枚走兽。清代规定屋角是仙
人骑凤，之后依次为龙、凤、狮子、天马、海马、狻猊、押鱼、獬豸、
斗牛、行什。　　　　　　　　　　　　　　　　　　　　（　　）

2. 从西周开始，色彩的使用就已经有严格的等级制度，至明清时
期，色彩以青、绿为尊，黄、红次之，黑、灰最下。　　　　（　　）

码 1-4　第 1 讲
思考题参
考答案

三、问答题

1. 简述木构架体系 3 种结构形式的特点。

2. 简述斗拱的组成及作用。

绘图实践题

请用 A4 绘图纸抄绘图 1.11 斗拱的组成（二选一即可）。

第2讲
中国古代建筑发展概况

Chapter **02**

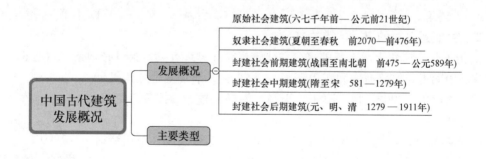

学习目标

知识目标：

1. 了解中国古代建筑发展概况，理解不同历史时期社会经济、文化、政治、生产技术对建筑的影响；

2. 了解中国古代建筑主要类型。

能力目标：

能简要分析各历史阶段中国古代建筑的特点。

思维导图

中国古代建筑发展概况

发展概况
- 原始社会建筑(六七千年前—公元前21世纪)
- 奴隶社会建筑(夏朝至春秋 前2070—前476年)
- 封建社会前期建筑(战国至南北朝 前475—公元589年)
- 封建社会中期建筑(隋至宋 581—1279年)
- 封建社会后期建筑(元、明、清 1279—1911年)

主要类型

问题引入

鲁班（图2.1）是中国建筑及木匠的鼻祖，由于他成就突出，我国的建筑工匠一直把他尊称为"祖师"。

请同学们分组上网，用关键字搜索，收集整理相关图片和故事，制作分享相册，说一说你查阅到的鲁班生平，及鲁班的发明和成就。

图 2.1　鲁班的刨子和锯子、《鲁班经》

2.1　发展概况

　　我国古代建筑经历了原始社会、奴隶社会和封建社会三个历史阶段，其中封建社会是形成我国古典建筑的主要阶段。

　　原始社会，建筑的发展是极缓慢的，在漫长的岁月里，我们的祖先从艰难地建造穴居和巢居开始，逐步地掌握了营建地面房屋的技术，创造了原始的木架建筑，满足了最基本的居住和公共活动要求。

在奴隶社会里，大量奴隶劳动和青铜工具的使用，使建筑有了巨大发展，出现了宏伟的都城、宫殿、宗庙、陵墓等建筑。

经过长期的封建社会，中国古代建筑在城市规划、建筑群、园林、民居等方面，以及在建筑空间处理、建筑艺术与材料结构的和谐统一、施工技术等方面，逐步形成了成熟而独特的体系，具有卓越的创造与贡献。

1. 原始社会建筑（六七千年前—公元前 21 世纪）

我国境内已知的最早人类住所是天然的岩洞。旧石器时代，原始人居住的岩洞在北京、辽宁、贵州、广东、湖北、江西、江苏、浙江等地都有发现，可见将天然洞穴用作住所是当时较普遍的方式。

大约六七千年前，我国广大地区都已进入氏族社会，已经发现的遗址数以千计。房屋遗址也大量出现。由于各地气候、地理、材料等条件的不同，营建方式也多种多样，其中具有代表性的房屋遗址主要有两种：一种是长江流域多水地区由巢居发展而来的干阑式建筑；另一种是黄河流域由穴居发展而来的木骨泥墙房屋。

黄河流域有广阔而丰厚的黄土层，土质均匀，含有石灰质，有壁立不易倒塌的特点。因此，穴居成为黄河流域广泛采用的一种居住形式，并逐步从竖穴发展到半穴居，最后被木骨泥墙的地面建筑所代替。当时最具代表性的文化是母系氏族社会时期的仰韶文化和父系氏族社会时期的龙山文化。

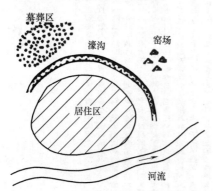

图 2.2　西安半坡村遗址示意图

仰韶文化时期，以农业为主的定居生活形成了原始的村落，最具代表性的是西安半坡村遗址，遗址呈南北略长东西较窄的不规则圆形，分为 3 个区域，南面是居住区，有 46 座房屋，中心有一座大房子，为公共活动的场所，其他房屋面向大房子呈半月形布局。居住区外围有壕沟，沟外北部为墓葬区，东边设窑场，如图 2.2 所示。房屋主要有方形（图 2.3）和圆形（图 2.4）两种形式，墙体和屋顶采用木骨架上扎结枝条后再涂泥的做法，室内用木柱做支撑，柱数由一根至三四根不等，说明木架结构尚未规律化。

码 2-1　西安半坡村遗址

龙山文化的住房遗址已有家庭私有的痕迹，出现了双室相连的套间式半穴居（图 2.5），平面呈"吕"字形。前室与后室均有烧火面，是煮食与烤火的地方。前室设有窑穴，供家庭储藏之用。套间的布置反映了以家庭为单位的生活。在建筑技术方面，广泛地在室内地面上涂抹光洁坚硬的白灰面层，使地面达到防潮、清洁和明亮的效果。

在长江流域，浙江余姚河姆渡遗址距今约六七千年，遗址中有我国已知最早的采用榫卯技术构筑的木结构房屋实例，已发掘部分长约 23m、进深约 8m，木构件遗物有柱、梁、枋、板等，许多构件上都带有榫卯，有的还有多处榫卯（图 2.6）。这些发现表明这时期"构木为巢"的巢居形式已发展成为干阑式建筑。这一实例说明当时长江下游一带木结构建筑的技术水平高于黄河流域。

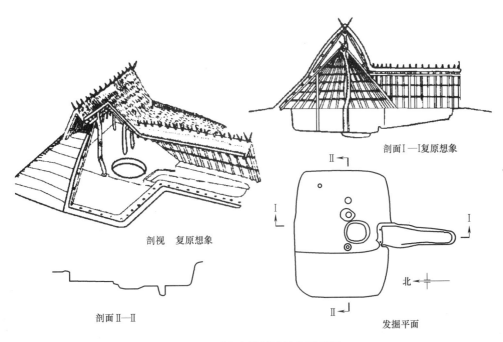

剖视　复原想象

剖面Ⅰ—Ⅰ复原想象

剖面Ⅱ—Ⅱ

发掘平面

北

图 2.3　西安半坡村遗址方形房屋

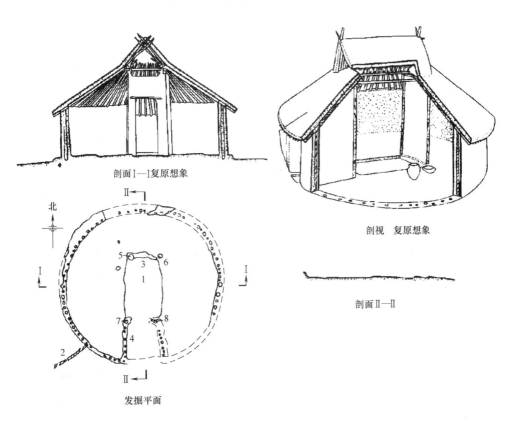

剖面Ⅰ—Ⅰ复原想象

北

剖视　复原想象

剖面Ⅱ—Ⅱ

发掘平面

图 2.4　西安半坡村遗址圆形房屋

1—灶炕；2—墙壁支柱炭痕；3,4—隔墙；5~8—屋内支柱

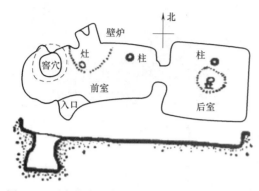

图 2.5 西安客省庄龙山文化房屋遗址平面及剖面

2. 奴隶社会建筑（夏朝至春秋 前 2070—前 476 年）

（1）夏朝建筑（前 2070—前 1600 年）

夏朝的建立标志着中国进入奴隶制社会。许多考古学家认为河南偃师二里头宫殿遗址是夏代都城——斟鄩的遗址，共发现大型宫殿和中小型建筑数十座。其中一号宫殿规模最大，如图 2.7 所示。这是在我国发现的最早的大型宫殿遗址，主殿建筑在一个夯土的台基之上，四周有长廊围绕，此时的房屋还停留在茅草覆顶阶段。

从遗址中也可以看出中国传统的院落式布局已经开始形成。

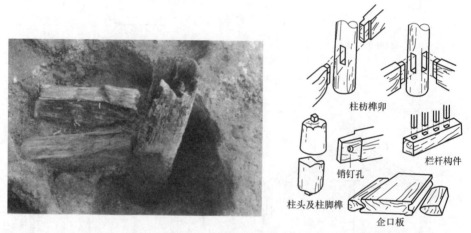

图 2.6 浙江余姚河姆渡干阑式建筑遗址实例与榫卯示意图

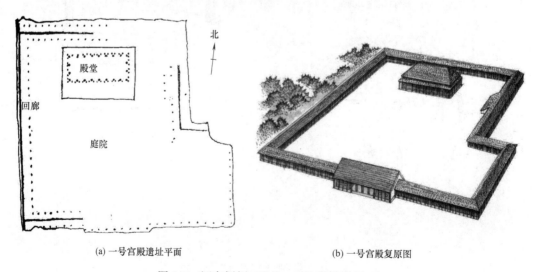

(a) 一号宫殿遗址平面　　　　　(b) 一号宫殿复原图

图 2.7 河南偃师二里头一号宫殿遗址平面

（2）商朝建筑（前 1600—前 1046 年）

商朝是我国奴隶社会大发展的时期，其统治以河南中部及北部的黄河两岸一带为中心，东至大海，西至陕西，南抵安徽、湖北，北达河北、山西、辽宁。在商朝，我国开始有文字记载的历史，已经发现的记载当时史实的商朝甲骨文里，记录了大量的商朝青铜礼器、生活用具、兵器和生产工具，反映了手工业专业化分工已经很明显，促进了建筑技术水平提高。

商朝是以父权为中心的政治体系，据考古发现，商朝的宫室与平民建筑已经存在巨大区别。宫室建筑大都用夯土的方法建立高大的台基，台上按一定的间距和行列，有以铜盘作为底的柱础，由此可知在商代已经有了规模宏大的建筑群了。在高土台的四周，还有完整的沟濠。在商朝后期的安阳殷墟宫城遗址（图 2.8）中已明显看出依南北轴线组合在一起的组合建筑了。在宫室的附近，考古也发现了宫室周围的奴隶住房仍是不规则平面的半穴居，与宫室相比可知，当时存在着深刻的等级制度，不同阶级和不同手工业分布于不同地点的聚落格局。城内是宫殿、宗庙，城外为作坊、住宅。

图 2.8　河南安阳小屯村，殷墟宫城遗址，20 世纪 30 年代发掘情形

（3）西周建筑（前 1046—前 771 年）

西周仍旧奉行"王权至上"的思想，等级制度仍然十分森严，但有了分封土地给其他贵族和大臣形成诸侯国的制度。西周的疆域西至甘肃，东北至辽宁，东至山东，南至长江以南，这是我国历史上更大范围的文化大融合，对建筑的发展具有一定的促进作用。

1）城市规划思想形成。周代的城市按等级可分为周王都城、诸侯都城和宗室的都邑。这些城市在政治上有不同划分，在面积和设施上也有很大的不同。但是这些城市都有了比较完整的建制，各组成部分的职能也十分明确。而且不同诸侯国的城市的差别仅在于规模和各部分的大小上。在战国时期的《考工记》对周王城的记载中，清楚描绘出当时都城的样子：方形，分内城与外城（也称城郭）两部分，内城居中，四面各开三座城门，城内有横纵各九条街道垂直相交，并明确地显示了内城为宫城、外城为民居的格局。这说明当时的城市规划和建设已达到相当的水平，其中宫城居中和方格网似的街道布局方式也成为以后历代都城的建设模式。

2）西周最具代表性的建筑遗址。陕西岐山凤雏村遗址（图 2.9），是我国已知最早、最严整的四合院实例，也是目前已知有壁柱加固的版筑墙最早实例，被誉为"中国第一四合院"。其具有以下特点：

① 是一座相当严整的四合院式建筑，由二进院落组成。

② 中轴对称，前堂后室，内外有别。

③ 屋顶已采用了瓦。

④ 房屋基址下设有排水陶管和卵石叠筑的排水暗沟。

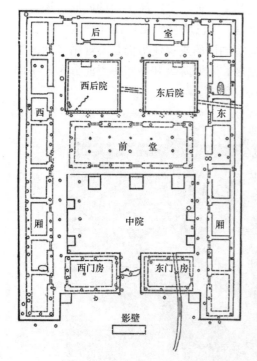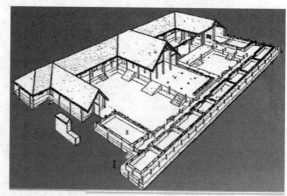

图 2.9　陕西岐山凤雏村遗址平面图与复原想象图

（4）春秋时期建筑（前 770—前 476 年）

春秋时期是中国奴隶社会瓦解和封建制度萌芽的阶段。由于铁器和耕牛的使用，社会生产力水平有了很大提高，贵族们的私田大量出现，井田制日益瓦解，封建生产关系开始出现，手工业和商业也得到了相应发展，文化空前繁荣。这些都在不同程度上促进了建筑的发展。该时期的建筑呈现以下特点：

1）夯土筑城。春秋时期存在 100 多个大大小小的诸侯国，各国之间战争频繁，"夯土筑城"成为当时重要的防御手段，并逐步形成了一套筑城的标准方法。

2）高台建筑（台榭）兴起。当时，各诸侯国出于政治、军事统治和生活享乐的需要，建造了大量高台宫室，即在城内夯筑高数米至十多米的土台，在上面建殿堂屋宇。

3）瓦的普遍使用和砖的出现。图 2.10 是东周瓦当图案与瓦钉。瓦的出现是我国古代建筑进步的表现之一，说明当时的技术水平提高了，通过这些美丽的图案还可以看到人们精巧的手工艺术。

图 2.10　各种瓦当图案与瓦钉

3. 封建社会前期建筑（战国至南北朝　前 475—公元 589 年）

（1）战国时期建筑（前 475—前 221 年）

战国时期，中国进入封建制社会。战国中山王陵园复原图是根据战国时期出土的铜版平面图绘制而成。图 2.11 不仅向我们展现了当时规模巨大的台榭建筑群和建筑规划水平，还说明当时已经有了按比例缩放建筑的技术。

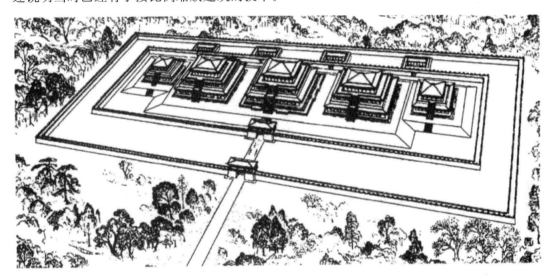

图 2.11　战国中山王陵园复原图

由于春秋战国时期战争频繁，各个国家出于战争防御的目的，还竞相修筑长城。

长城是最为人们所熟知的防御设施，一般人们认为它是建造在北方，作为防御外族入侵的屏障，早在春秋时期楚国就已经在今河南境内修筑长城，其目的是防御别国进攻。到了战国时期，由于各国间的战事频繁，各个国家都开始修筑长城以自保了。

长城的建筑形式因地区不同而有所不同，平原地区的战国长城，以夯土墙为主；建于山地的，多以天然陡壁上加筑城墙的方式构成；还有的城墙是用石头砌成的。长城上的防御体系比较完备，由烽燧、戍所、道路等部分构成。

（2）秦代建筑（前 221—前 206 年）

战国后期，七国之中的秦国开始强大起来，公元前 221 年秦终灭六国建立了我国历史上第一个中央集权的封建大帝国。由于统治者残暴的统治，秦朝只有 15 年历史，但是秦始皇统一度量衡和文字，并且集中了全国的能工巧匠，投入大量人力物力修建宫室、长城和陵墓。这些措施使原来各个地方的建筑形式和不同的技术经验得以融合并得到了一定的发展。

秦代建筑特色可以用一个字来形容，那就是大。建筑规模大，动用的各方面物资数量大，所涉及的建筑形式种类大，对后世的影响也大。由于秦朝在营造宫室上追求大规模和大气势，所以作为我国历史上的第一个皇帝的陵墓，秦始皇陵不但以其前所未有的超大规模和恢宏的气势震惊世界，而且就其格局和形制来说也是古代帝王陵墓的典范。图 2.12 为秦代宫殿遗址的考古发现。

秦始皇陵中的立射武士俑（图 2.12a），与真人般大小的陶俑制作得相当精细，从发式到面部表情，再到身体的姿态都是活灵活现。

秦代宫殿遗址出土的陶水管（图 2.12b）是管道转弯处的装置，不仅有大小头，而且内外均有花纹装饰，说明当时建筑中的排水设施已经相当完善。

秦代宫殿遗址出土的空心砖（图 2.12c），砖面上刻有龙的图案作为装饰，而且形象生动，富有动感，可能是作为地面或墙面的装饰之用。

(b) 陶水管

(c) 空心砖

(a) 武士俑

图 2.12　秦代宫殿遗址的考古发现

（3）两汉时期建筑（前 206—公元 220 年）

两汉时期是我国封建社会的上升期，社会生产力的发展促进了建筑的显著进步，成为中国古代建筑史上的一个繁荣时期，主要的建筑发展成就有以下几方面：

1）木架建筑渐趋成熟。根据当时的画像石、画像砖、明器陶屋等资料来看，叠梁式（图 2.13）、穿斗式（图 2.14）两种主要的木结构形式已经形成；多层楼阁（图 2.15）、斗拱（图 2.16）已经普遍使用。

2）汉代在制砖技术和拱券结构方面有了巨大的进步。空心砖（图 2.17）大量应用于西汉墓室（图 2.18）中，人们还创造出楔形砖和有榫的砖。

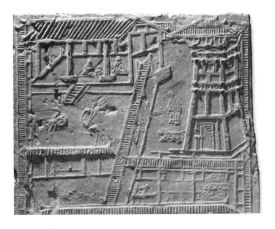

图 2.13　东汉画像砖中的叠梁式房屋

图 2.14　广州出土的穿斗式结构明器

图 2.15　出土的多层楼阁明器

图 2.16　四川成都出土的明器

(a) 考古发掘中的空心砖墓

(b) 汉代空心砖

图 2.17　空心砖

3）石建筑在东汉得到突飞猛进的发展。贵族官僚们建造的岩墓、石砌梁板墓、石拱券墓在各地都有发现，四川多山地区崖墓也较流行。地面石建筑主要是贵族官僚的墓阙（图 2.19）、墓祠、幕表、石兽、石碑等遗物。

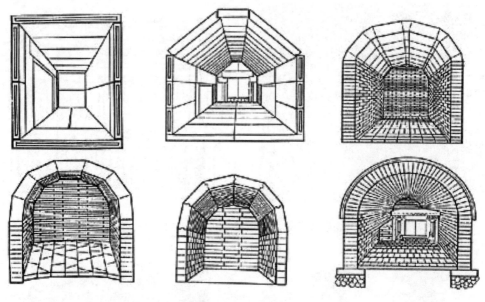

图 2.18　汉代墓室

图 2.19　东汉四川雅安高姬墓阙及石刻

（4）三国、两晋、南北朝时期建筑（220—589 年）

三国至南北朝是我国历史上一个长达 300 多年的政治不稳定、战争破坏严重、长期处于分裂状态的阶段。当时社会生产发展缓慢，在建筑上主要是继承和运用汉代的成就。佛教的传入促进了佛教建筑的发展，高层佛塔出现，并带来了印度、中亚一带的绘画和雕刻艺术，使我国的石窟、佛像、壁画等有了巨大的发展。

1）佛教建筑兴盛。洛阳北魏永宁寺木塔（图 2.20）为楼阁式木塔。河南登封嵩岳寺塔（图 2.21）是我国现存最早的密檐砖塔。山西太原天龙山石窟（图 2.22）是在山崖上开凿出来的窟洞型佛寺。

2）石刻技艺发展。在石刻方面，南京郊区发现一批南朝陵墓的石墓表、石辟邪、石

图 2.20　洛阳永宁寺木塔想象复原图

图 2.21　河南登封嵩岳寺塔

麒麟等。另外，河北定兴北齐石柱等，同是南北朝时期的艺术珍品，表明这一时期石刻技艺比汉代有了进一步提高。

3）自然山水园林涌现。魏晋南北朝时期，士大夫谈玄避世，寄情山水，促进了自然山水园林的兴盛。

4. 封建社会中期建筑（隋至宋581—1279 年）

隋至宋是我国封建社会的鼎盛时期，也是中国古代建筑的成熟期。

（1）隋代建筑（581—618 年）

隋朝结束了我国长期战乱和南北分裂

图 2.22　山西太原天龙山石窟

的局面，促进了封建社会经济、文化、技术的发展。

隋朝留下的建筑物有著名的河北赵县赵州桥（又叫安济桥）（图 2.23），负责建造此桥的匠人是李春。此桥是世界上最早的敞肩拱桥，比欧洲兴建的同类桥早了 700 多年。

赵州桥的大拱由 28 道石券并列而成，跨度 37m，4 个敞肩券减少了桥身 1/5 的自重，并且减少了山洪对桥身的冲击力。在技术上、造型上均达到了很高的水平，是我国古代建筑的瑰宝。

图2.23　河北赵县赵州桥

（2）唐代建筑（618—907年）

唐朝开创了贞观之治、开元盛世的繁荣昌盛局面，虽然"安史之乱"后逐渐衰弱下去，但唐代仍是我国封建社会经济和文化的发展高潮时期，建筑技术和艺术都取得了巨大的发展和提高。其主要建筑成就如下：

1）规模宏大，规划严整。

2）建筑群处理趋于成熟。

3）木建筑解决了大面积、大体量的技术问题，并已定型化。

4）设计与施工水平提高。唐代出现了设计与施工的民间技术人员"都料"，其专业技术熟练，专门从事公私房屋的设计与现场施工指挥，"都料"的名称一直沿用到元代。

5）建筑艺术加工真实而成熟。

6）砖石建筑有了进一步发展。如唐代的砖石塔、石窟增多。图2.24为西安大雁塔，图2.25为西安小雁塔，图2.26为龙门石窟奉先寺卢舍那佛。

图2.24　西安大雁塔

图2.25　西安小雁塔

图2.26　龙门石窟奉先寺卢舍那佛

（3）五代十国时期建筑（907—960年）

五代十国是中国历史上一个分裂的时期。此时，经济上发展缓慢，建筑上主要是继承唐代传统，很少有创新。只有长江下游的吴越、南唐、前蜀等地区战争较少，建筑上有所发展，技术水平也较高。

（4）宋、辽、金时期建筑（960—1279年）

960年，宋太祖赵匡胤统一了黄河以南地区，结束了五代十国分裂与战乱的局面，建立了宋朝。北方有契丹族的辽政权与北宋对峙。北宋末年，长白山一带的女真族建立金，向南扩展，先后灭了辽和北宋，形成了金与南宋对峙的局面，直至元朝。

宋朝在政治、军事上软弱，但城市经济、农工商发达，使建筑水平也达到了新高度。

该时期主要建筑发展成就如下：

1）城市结构和布局发生了根本变化。日益发展的手工业和商业打破了里坊的制度，开始实行街巷制，沿街设店，以街为市，街道变窄。

2）木架建筑采用了古典的模数制。北宋时政府颁布了《营造法式》，此书中详细说明了"材份制"，以"材"作为造屋的尺度标准。

3）建筑组合在总平面上加强了进深方向的空间层次，以衬托主体建筑。

4）建筑装修与色彩有很大发展。

5）砖石建筑的水平达到新的高度。

6）园林兴盛。

辽代建筑主要吸取唐代北方传统做法，因此较多保留了唐代建筑的手法。

金代建筑沿袭了辽代传统，又受到宋代建筑的影响。由于金朝统治者追求奢侈，建筑装饰与色彩比宋代更为富丽。

5. 封建社会后期建筑（元、明、清　1279—1911 年）

元、明、清是中国封建社会后期，政治、经济、文化的发展都处于迟缓发展状态，甚至还有倒退现象，因此建筑的发展也是缓慢的。

（1）元代建筑（1279—1368 年）

元代统治者是来自草原的游牧民族，其统治使两宋以来高度发展的封建经济和文化遭到极大摧残，建筑发展也处于凋敝状态。其主要的建筑活动如下：

1）都城建设。元世祖忽必烈时，在金中都的北侧建筑了规模宏大的都城，具有方整的格局、良好的水利系统、纵横交错的街道。

2）宗教建筑兴盛。由于统治者崇信宗教，宗教建筑异常兴盛，尤其是藏传佛教建筑，如北京妙应寺白塔（图 2.27），是喇嘛塔中的杰出作品。

3）木架建筑方面，无论是规模还是质量，元代建筑都远逊于宋代建筑，许多构件被简化，且用料草率、加工粗糙。

图 2.27　北京妙应寺白塔

（2）明代建筑（1368—1644 年）

明代是中国封建社会晚期中的一个繁荣期，随着工商业和经济文化的发展，建筑技术得到了较大提升。该时期主要建筑成就表现为以下方面。

1）砖已普遍用于民居砌墙。

2）琉璃面砖及琉璃瓦的质量提高，应用更加广泛，如图 2.28 所示。

3）木结构方面，经过元代的简化，到明代形成了新的定型。斗拱的结构作用减少，梁柱构架的整体性加强。

4）建筑群的布置更加成熟。明清北京故宫、明十三陵、北京天坛等都是优秀的建筑群范例。

5）私家园林发达，尤以江南一带为盛，如图 2.29 所示。

6）官式建筑的装修、彩画、装饰日趋定型化。明代的家具体形秀美简洁，造型和谐统一，闻名于世界，是我国家具的代表。

图 2.28　琉璃面砖镶贴的九龙壁

图 2.29　苏州沧浪亭

（3）清代建筑（1636—1911 年）

清朝是中国历史上最后一个封建王朝，封建专制比明朝更加严厉。在建筑上，清代基本沿袭了明代的传统，在以下方面略有发展。

1）园林达到了极盛期。在清代 268 年间，帝王在北京西郊兴建了圆明园、清漪园等一大批园林。

2）藏传佛教建筑兴盛。清代仅内蒙古地区就有喇嘛庙 1000 余所。西藏布达拉宫依山而建，雄伟峭拔，展现了工匠们高超的建筑才能。

3）简化单体设计，提高群体及装修设计水平。清朝颁布的《工程做法则例》，统一了官式建筑的模数和用料标准。

4）住宅建筑百花齐放。

5）建筑技艺仍有所创新，如采用水湿压弯法加工木料，引进玻璃等。

2.2　主要类型

中国古代建筑在长期发展中，为满足不同使用需要，逐渐形成若干不同的类型。其大致可分为宫殿、坛庙、住宅、园林、城市及城市公共建筑、商业建筑、宗教建筑、陵墓、桥梁几大类。因建筑性质不同,对其建筑艺术要求也不同。古代匠师在长期形成的建筑体系之内,灵活运用各种手法,创造出各类型建筑的独特风貌。

第 3~5 讲对宫殿、坛庙、陵墓、城市建设、住宅、古典园林、宗教建筑进行具体介绍。

思考题

一、选择题

1. (单选题) 我国已知最早的采用榫卯技术构筑的木结构房屋实例为 ( )。

A. 浙江余姚河姆渡干阑式建筑遗址

B. 母系氏族社会时期的仰韶文化中最具代表性的西安半坡村遗址

C. 父系氏族社会时期的龙山文化,如两室相连的套间式半穴居建筑

D. 黄河流域由穴居发展而来的木骨泥墙房屋

2. (单选题) 我国境内已知的最早人类住所是 ( )。

A. 干阑式建筑   B. 天然的岩洞

C. 木骨泥墙房屋   D. "构木为巢"的巢居形式

3. (单选题) 黄河流域广泛采用的一种居住形式是 ( )。

A. 穴居   B. "构木为巢"的巢居形式

C. 木骨泥墙房屋   D. 天然的岩洞

4. (单选题) 仰韶文化时期,以农业为主的定居生活形成了原始的村落,最具代表性的是 ( )。

A. 西安半坡村遗址   B. 浙江余姚河姆渡遗址

C. 安阳殷墟遗址   D. 陕西岐山凤雏村遗址

5. (多选题) 以下描述正确的有 ( )。

A. 夏朝的建立标志着中国进入奴隶制社会,此时的房屋还停留在茅草覆顶阶段

B. 河南偃师二里头宫殿遗址是我国最早的大型宫殿遗址,此时,中国传统的院落式布局已经形成

C. 商朝是我国奴隶社会大发展的时期,甲骨文产生使我国开始有文字记载的历史,青铜工艺发展纯熟,促进了建筑技术水平有明显提高

D. 西周时期,城市规划思想形成,在城市总体布局上有比较完整的建制

E. 湖北蕲春西周木架建筑遗址是我国已知最早、最严整的四合院实例,也是目前已知有壁柱加固的版筑墙的最早实例,被誉为"中国第一四合院"

6. (单选题) ( ) 是世界上最早的敞肩拱桥,比欧洲兴建的同类桥早了 700 多年。

A. 福建泉州洛阳桥   B. 河北赵县赵州桥

C. 北京卢沟桥   D. 广东潮州广济桥

7. (多选题) 以下描述正确的有 ( )。

A. 我国历史上的第一个皇帝的陵墓秦始皇陵不但以其前所未有的超大规模和恢宏的气势震惊世界,而且就其格局和形制来说也是古代帝王陵墓的典范

B. 两汉时期是我国封建社会的上升期,是中国古代建筑史上的一个繁荣时期,木构架建筑日趋成熟,制砖技术和拱券结构、石建筑有很大的发展

C. 三国至南北朝时期，长期处于分裂状态，佛教的传入促进了佛教建筑的发展，高层佛塔出现，并带来了印度、中亚一带的绘画和雕刻艺术，使我国的石窟、佛像、壁画等有了巨大的发展

D. 唐代开创了贞观之治、开元盛世的繁荣昌盛局面，木建筑解决了大面积、大体量的技术问题，并已定型化

E. 明代是中国封建社会晚期中的一个繁荣期，砖已普遍用于民居，琉璃面砖及琉璃瓦的质量提高，色彩更加丰富，应用更加广泛

二、判断题（对的打√，错的打×）

1. 隋代留下的建筑物有著名的河北赵县赵州桥，负责建造此桥的匠人是李春，此桥是世界上最早的敞肩拱桥，比欧洲兴建的同类桥早了 700 多年。　　　　（　　）

2. 北宋时政府颁布的《工程做法则例》，统一了官式建筑的模数和用料标准。（　　）

三、问答题

1. 简述原始社会建筑的情况。

2. 简述西周最具代表性的建筑遗址陕西岐山凤雏村遗址的特点。

3. 简述唐代的建筑发展成就。

绘图实践题

请用 A4 绘图纸抄绘图 2.3、图 2.4 的西安半坡村遗址方形、圆形房屋。

码 2-2　第 2 讲思考题参考答案

第3讲

宫殿、坛庙、陵墓

 学习目标

知识目标：

1. 了解中国古代宫殿建筑的发展概况；理解中国古代宫殿建筑群的布局特点和建筑设计思想；

2. 了解中国古代坛庙建筑的发展概况和坛庙建筑的分类；理解古代祭坛建筑的设计思想和文化内涵；

3. 了解中国古代陵墓建筑的发展概况；理解中国古代陵墓的布局特征。

能力目标：

1. 能简单分析古代宫殿建筑群的总体布局特征；

2. 能简单分析古代坛庙建筑的空间布局艺术特点；

3. 能简单分析古代陵墓的布局特征。

思维导图

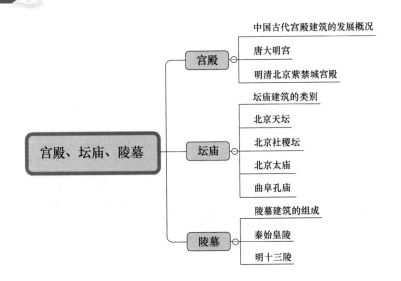

问题引入

了解宫殿、坛庙、陵墓建筑（图 3.1）。

(a) 北京故宫

(b) 北京祈年殿

(c) 陕西茂陵

图 3.1　宫殿、坛庙、陵墓

中华民族历来被誉为"礼仪之邦"，"礼"是礼法，规则和秩序，"仪"就是"礼"的具体表现形式，是依据"礼"的规定和内容，形成的一套系统而完整的程序。

我国古代的宫殿、坛庙、陵墓是帝王权威和统治的象征，具有明显的政治性，社会的统治思想和典章制度对它们的布局有着深刻的影响。

宫殿、坛庙、陵墓是我国古代最隆重的建筑物，历代朝廷都耗费大量人力物力，使用当时最成熟的技术和艺术来营建这些建筑，因此，这三者在一定程度上能反映一个时期的建筑成就。

3.1　宫殿

1. 中国古代宫殿建筑的发展概况

中国古代宫殿建筑的发展大致有四个阶段。

（1）"茅茨土阶"的原始阶段。在瓦没有出现以前，无论是威严庄重的宗庙，还是金碧辉煌的宫室，都是用茅草作顶，夯土搭基。经考古发现，河南偃师二里头夏代宫殿遗址（图 3.2），河南安阳殷墟商代晚期宗庙、宫室遗址，湖北黄陂盘龙城商代中期宫殿遗址，

图 3.2　最早发现的宫殿遗址——河南偃师二里头夏代宫殿遗址复原模型

均只发现了夯土台基却无使用瓦的痕迹。证明夏商两代宫室仍处于"茅茨土阶"时期。其中二里头与殷墟中区都沿轴线作庭院布置，这种布局形式对以后宫殿建筑的布局产生了深远影响。

（2）盛行高台宫室的阶段。陕西岐山凤雏西周早期的宫室遗址出土了瓦，但数量不多，可能还只用于檐部和脊部，春秋战国时瓦才广泛用于宫殿。春秋战国时期，各诸侯国竞相在高台上兴建壮观华丽的宫室，所谓"高台榭，美宫室"。如春秋时山西侯马晋故都新田、战国时山东临淄齐故都临淄、河北易县燕故都下都、河北邯郸赵故都邯郸、陕西秦故都咸阳等，都留有高四五米至十多米不等的高台宫室遗址。加上瓦的普遍使用，建筑色彩日益丰富，使宫殿建筑彻底摆脱了"茅茨土阶"的简陋状态，从而进入一个辉煌的新时期。

（3）宏伟的前殿和宫苑相结合的阶段。秦统一六国后，在关中建造了规模空前的宫殿，广袤数百里，布局分散：有旧咸阳宫、新咸阳宫、信宫、兴乐宫、阿房宫、甘泉宫等。各宫宫墙围绕，形成宫城，宫城中又分布着许多自成一区的"宫"，这些"宫"与"宫"之间布置池沼、台殿、树木等，格局较自由，以宏伟的前殿和宫苑相结合，富有园林气息。

（4）纵向布置"三朝"的阶段。自隋至明清，宫殿建筑进入纵向布置"三朝"的阶段。隋文帝营建新都大兴宫，追绍周礼制度，纵向布置"三朝"：广阳门（唐改称承天门）、大兴殿（唐改称太极殿）、中华殿（唐改称两仪殿）。唐高宗迁居大明宫，仍沿轴线布置含元殿、宣政殿、紫宸殿为"三朝"。宋朝宫殿在总体布局上依然遵循"三朝"的布局原则，仅因地形限制稍作变通。明初南京宫殿刻意仿照"三朝"建奉天、华盖、谨身三殿，并在殿前设门五重；迁都北京后，宫殿依然遵循"三朝五门"制度，同时强化了宫殿空间序列的艺术感染力。

2. 唐大明宫

唐大明宫遗址（图 3.3）建于 634 年，位于西安市北郊龙首原高地，居高临下，气势宏伟，是太上皇李渊修建的夏宫。公元 662 年，唐高宗扩建并于次年迁入，大明宫自此成为大唐帝国的政治中心所在地。

大明宫占地面积约 3.2km^2（约为明清北京紫禁城的 4.5 倍），平面略呈梯形。全宫分为外朝、内廷两大部分，是传统的"前朝后寝"布局。外朝三殿为含元殿、宣政殿、紫宸殿。宫前横列五门，中间正门称丹凤门，从丹凤门到紫宸殿轴线长约 1.2km。宣政殿是皇帝每月朔望见群臣之处，紫宸殿后部是帝后妃居住的内廷。内廷以太液池为中心，布置殿阁楼台三四十处，形成宫与苑相结合的起居游宴区。

含元殿（图 3.4）是大明宫中轴线上的第一殿，是举行元旦、冬至大朝会、阅兵、受俘、上尊号等重要仪式的场所。据考古发掘，含元殿前空间广阔、深远。殿基高出地面15.6m，雄踞于全城之上。专家复原的含元殿如图 3.4 所示，其东西宽 76m，南北深42m，面阔 11 间，加副阶 13 间，面积为 1966m^2，与明清紫禁城太和殿面积相近。殿单层，重檐庑殿顶，殿阶用木平坐，殿前有长达 70m 的坡道供登临朝见之用，坡道共 7 级，远望如龙尾，故称"龙尾道"。殿前左右有阙楼一对相向而立，采用飞廊与殿身相连，形成环抱之势。

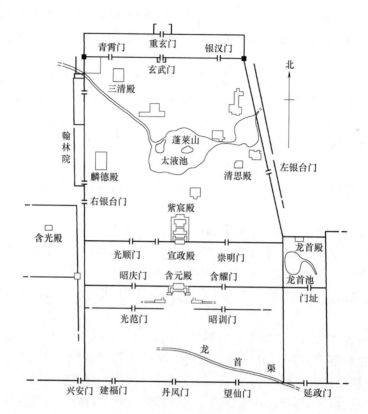

码 3-1　唐长安大明宫

图 3.3　唐长安大明宫平面图

(a) 大明宫含元殿复原图

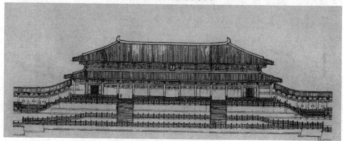

(b) 大明宫含元殿正立面复原图

图 3.4　含元殿

3. 明清北京紫禁城宫殿

北京紫禁城是明、清两朝的皇宫，统称北京故宫。位于北京城的中心，形制遵循明初南京宫殿制度。其始建于明永乐四年（1406 年），完成于永乐十八年（1420 年），历经 14 年建成。

北京紫禁城平面（图 3.5）呈长方形，南北长 960m，东西宽 760m，占地约 73 万 m^2，房屋 900 多间。周围有 52m 宽的护城河环绕。城墙周长

码 3-2　明清
北京紫禁城

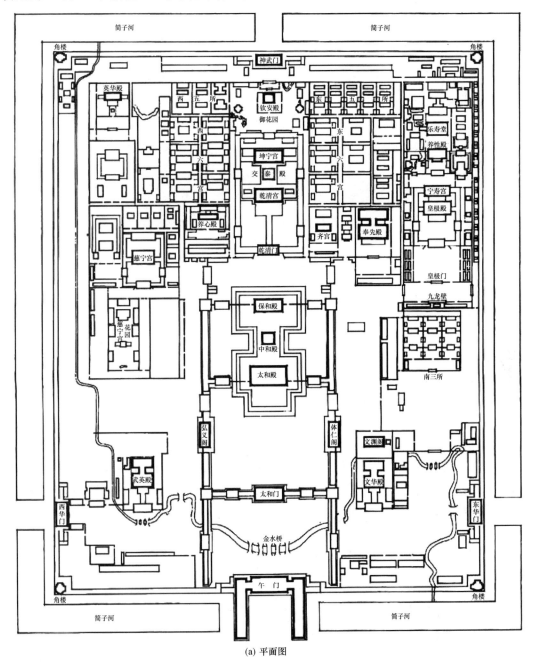

(a) 平面图

图 3.5　明清北京紫禁城（一）

(b) 鸟瞰图

图 3.5　明清北京紫禁城（二）

3428m，高 10m，四面辟门，南面为正门午门（图 3.6），北面为神武门（明称玄武门），东为东华门，西为西华门，门上都设有重檐门楼。

北京紫禁城分外朝、内廷两大区，按照"前朝后寝"方式布置。外朝在前部，是举行典礼、处理朝政、颁布政令、召见大臣的场所，以居于中路的太和殿、中和殿、保和殿三大殿为主体，东西两路对称地布置文华殿、武英殿两组建筑。内廷在后部，是皇帝及其家族居住的"寝"，分中、东、西三路。中路沿主轴线布置，依次为乾清宫、交泰殿、坤宁宫，统称"后三宫"，其后为御花园。东、西两路对称布置东六宫、西六宫作为嫔妃住所，其后对称布置东五所和西五所。西路以西，建有慈宁宫、寿安宫等，构成内廷的外西路。东路以东，在乾隆年间扩建了一组宁寿宫，由宫墙围合成完整的独立组群，构成内廷的外东路。除这些主要殿屋外，紫禁城内还散布着一系列值房、朝房、库房、膳房等辅助性建筑，共同组成这座规模庞大、功能齐备、布局井然的宫城。

太和门是外朝三大殿的正门（图 3.7），面阔 9 间，进深 3 间，重檐歇山顶，汉白玉基座，梁枋施和玺彩画，是宫中等级最高的门，为常朝听政处。门前有开阔的广场，金水河萦绕其间，河上横架五座石桥，俗称内金水桥。

太和殿（图 3.8）俗称金銮殿，供天子登基、颁布重要政令、元旦及冬至大朝会及皇帝庆寿等活动之用。太和殿后的中和殿（图 3.9）是大朝前的预备室，供休息之用。其后是殿试进士、宴会等用的保和殿（图 3.10）。这三座殿宇色调鲜丽，红色的墙柱，金黄色的琉璃瓦。其中太和殿用重檐庑殿顶，中和殿用攒尖顶，保和殿用重檐歇山顶，使建筑体型主次分明，富于变化。

图 3.6　午门

图 3.7　太和门

图 3.8　太和殿

图 3.9　中和殿

图 3.10　保和殿

　　保和殿后乾清门（图 3.11）前的小庭院是外朝与内廷的分界处。乾清门以北是内廷。内廷以乾清宫、交泰殿、坤宁宫三大殿为中心，乾清宫（图 3.12）是皇帝的正寝，坤宁宫为皇后的正寝。内廷建筑尺度减小甚多，较为宜人，增加了生活气氛。内廷最北端是御花园，玲珑叠秀的山石、葱郁繁茂的花木点缀其间，精巧玲珑，典雅富丽（图 3.13）。

图 3.11 乾清门

图 3.12 乾清宫

图 3.13 御花园内万春亭

北京紫禁城主要殿、门之前还用铜狮、龟鹤、日晷、嘉量等建筑小品和雕饰作为房屋尺度的陪衬物，以示皇权之神威（图 3.14）。

图 3.14 殿、门前的建筑小品和雕饰
（依次为：日晷、嘉量、铜鹤、铜龟）

北京紫禁城主要的建筑成就有：

在总体布局上，强调沿中轴线做纵深发展和对称布置，反映了中国传统宗法礼制思想。

在建筑组合上，充分运用院落和空间的变化，烘托出不断变化的环境气氛，把皇权的崇高、神圣表达得淋漓尽致。

在建筑处理上，运用形体的变化和尺度的对比，以次要建筑来衬托突出主体建筑，使整个建筑群有主有从，等级分明，秩序井然，反映了封建社会的宗法等级观念。

在建筑色彩上采用强烈的对比色调，白色台基，红色面墙，再加上黄、绿、蓝等琉璃屋面，显得格外夺目绚丽。在中国古代，朱、黄最尊，青、绿次之，黑、灰最下。因此，紫禁城与北京城灰色的基调形成鲜明对比,进一步表现出皇帝至高无上的权力和地位。

3.2　坛庙

中华民族历来被誉为"礼仪之邦","礼"贯穿渗透于中华民族进程的各方面。在中国古代,"礼"的内容之一就是举行隆重的祭祀神灵和祖先的典礼活动,坛庙建筑因此而出现。

坛庙的出现起源于祭祀,祭祀是人们向自然、祖先、繁殖等表示一种意向的活动仪式的统称。

1. 坛庙建筑的类别

古人的祭祀主要包括:

(1) 祭祀自然神,主要建筑有天地、日月、社稷、先农之坛及五岳、五镇之庙等;

(2) 祭祀祖先,主要建筑为太庙、家庙(祠堂);

(3) 祭祀先贤,主要建筑有孔庙、武侯祠、关帝庙等。

古代帝王亲自参加的最重要的祭祀有 3 项:天地、社稷和宗庙。所谓坛庙,主要指的就是天坛、社稷坛、太庙。它们有各自的形制演变。

2. 北京天坛

北京天坛位于北京正阳门外东侧,是明清两朝皇帝每岁冬至日祭天与祈祷丰年的场所,建于明永乐十八年(1420 年),经嘉靖年间改建而得以完善。其主要建筑——祈年殿因雷火焚毁,于清光绪十六年(1890 年)重建。

北京天坛(图 3.15)由内外两重围墙环绕,北墙呈圆形,南墙为方形,象征天圆地方。外坛墙东西长约 1700m,南北长约 1600m,占地面积达 273 万 m²,是北京紫禁城的 3.7 倍。内坛墙东西长 1025m,南北长 1283m。

北京天坛建筑按其使用性质分为四组。第一组建筑为神乐署、牺牲所等附属建筑,布置在外坛墙的西侧。另外三组建筑布置在内坛墙里,分别为坐西朝东的建筑群——斋宫,是皇帝祭天、祈谷前进行斋戒的地方,布置在内坛墙的西侧,斋宫由两重宫墙和两道禁沟围成正方形的宫院,占地 4 万 m²,森严肃穆;中轴线中心的圜丘和皇穹宇建筑群;位于中轴线北端的祈年殿及附属建筑。其中,最主要的建筑是圜丘和祈年殿,在艺术构图上,祈年殿是天坛总体中最主要的建筑。

两重坛墙内种植了大片苍翠茂密的柏树,使整个坛区的环境氛围宁静而肃穆。

圜丘(图 3.16)由 3 层圆形石台基构成,每层周围都有汉白玉栏杆和栏板。坛面、台阶、栏杆所用石块数全是 9 的倍数,象征九重天。这里是举行祭天仪式的场所。它的北面有一组圆形小院,主殿皇穹宇是一座单檐攒尖顶圆殿,内供"昊天上帝"牌位。皇穹宇及神库、神厨、宰牲亭等构成了圜丘的配套建筑。

皇穹宇(图 3.16d)殿檐覆盖蓝色琉璃瓦,檐顶有镏金宝顶,殿墙是正圆形磨砖对缝的砖墙,远远望去,就像一把金顶的蓝宝石巨伞。周围的围墙呈圆形,起到传音的作用,因此也叫回音壁。

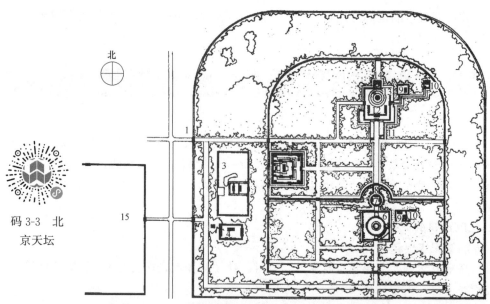

图 3.15　北京天坛位置及总平面布局

1—坛西门；2—西天门；3—神乐署；4—牺牲所；5—斋宫；6—圜丘；7—皇穹宇；8—成贞门；
9—神厨神库；10—宰牲亭；11—具服台；12—祈年门；13—祈年殿；14—皇乾殿；15—先农坛

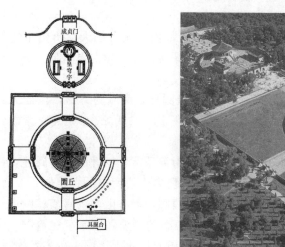

(a) 圜丘建筑群平面图

(b) 圜丘建筑群鸟瞰图

(c) 圜丘

(d) 皇穹宇

图 3.16　北京天坛圜丘建筑群

祈年殿建筑群（图3.17），包括祈年门、祈谷坛、祈年殿、皇乾殿等，其中的主要建筑在一方形大院内，大院内部有一处由祈年门和东西配殿组成的三合院，形成院内套院的格局。由3层圆台基构成的祈谷坛处于大院后部中心，祈谷坛的正中矗立着三重檐圆攒尖有鎏金宝顶的祈年殿，如图3.17（b）所示。

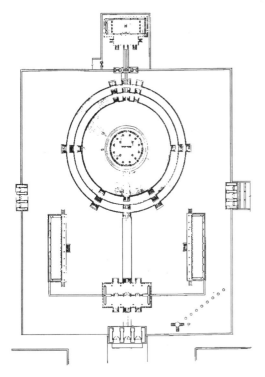

(a) 祈年殿建筑群平面图

(b) 祈年殿

(c) 祈年殿建筑群俯瞰图

(d) 祈年殿立面图

图 3.17　祈年殿建筑群

北京天坛的建筑成就主要有：

（1）北京天坛建筑布局严谨，主体建筑突出，以大面积的、丰富的植被创造了肃穆与静谧的环境气氛。

（2）天坛在选址、规划、建筑设计各方面处处依据中国传统礼制思想和阴阳五行等学说，体现出严格的思想要求，充分运用了形状、数字、色彩等中国古代特有的象征艺术表现手法，在建筑艺术上把天的崇高、神圣，古人对"天"的认识、崇敬，以及"天人关系"淋漓尽致地表现出来。

（3）祈年殿造型优美，雄伟庄重，构思巧妙，构架精巧，工艺精制，色调纯净，是中国古建艺术最成功的优秀典范之一。

3. 北京社稷坛

社是五土之神，稷是五谷之神，社稷即土地之神、农业之神。中国古代以农立国，社便是国土和政权的象征。社稷坛不仅建于京师，诸侯国和府县也有建造，只是规制降低。

北京社稷坛（图 3.18）建于明永乐十九年（1421 年），位于北京紫禁城外南面御道的西侧。

社稷坛（图 3.19）是呈正方形的 3 层高台，上铺五色土，象征东、西、南、北、中天下五方土都归帝所有，东方青龙位用青土，西方白虎位用白土，南方朱雀位用赤土，北方玄武位用黑土，中心部分用黄土。坛外设壝墙一周，墙上颜色也按方位分为四色。

坛北为拜殿与戟门，晴天露祭，雨天则在室内行祭。这两座明初殿宇，构件加工精致，梁架结构规整，显示出严谨细致的建筑风格。

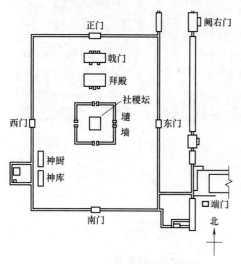

图 3.18　北京社稷坛平面图

图 3.19　社稷坛

4. 北京太庙

帝王祭祀祖先的宗庙称太庙，位于紫禁城前面东侧。

北京太庙始建于明永乐十八年（1420 年），嘉靖二十四年（1544 年）重建，后经清代增修。其有内外三重围墙，主体建筑由在第三重围墙内的正殿、寝殿、祧庙组成，如图 3.20 所示。正殿（图 3.21）是祭祀先祖列帝之处，采用了最高等级形制，原面阔 9 间，乾隆时改为 11 间，下为三重汉白玉须弥座台基，前出月台，汉白玉栏杆，上为黄色琉璃瓦重檐庑殿顶。寝殿面阔 9 间，采用黄琉璃瓦单檐庑殿顶，为供奉历代帝后神位之处。祧庙又称后殿，面阔 9 间，采用单檐庑殿顶，是供奉远祖神位之所，殿前有墙与寝殿相隔，自成院落。

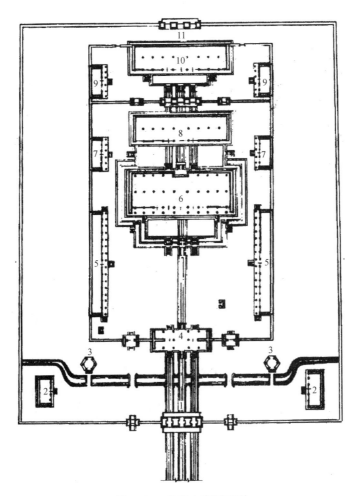

图 3.20 北京太庙平面图

1—庙门；2—神厨神库；3—井亭；4—戟门；5—前配殿；6—正殿；
7—中配殿；8—寝殿；9—后配殿；10—桃庙；11—后门

图 3.21 北京太庙正殿

整个太庙建筑群布局规整、主次分明，周围掩映着浓密的松柏林，充满庄重、肃穆而宁静的氛围。

5. 曲阜孔庙

中国封建社会中，儒家思想占据统治地位，儒家创始人孔丘被尊为万世师表。孔庙是祭祀建筑中占有很大比重的一类，几乎遍及全国，规模最大、历史最悠久的当推孔丘故宅所在的曲阜孔庙。现存曲阜孔庙的规模为宋代奠定，金代重修，明清依旧制重建。

曲阜孔庙基址南北约 644m，东西约 147m，沿中轴线布置有九进院落。前三进是前导部分，有牌坊和门屋共 6 座，院中遍植柏树。第四进以内从大中门起是孔庙的主体部分，此区围墙四隅起角楼，以大成殿庭院为中心，前有奎文阁；东有诗礼堂、崇圣祠、家庙和礼器库；西有金丝堂、启圣殿、寝殿及乐器库；后有圣迹殿和神厨、神庖。

奎文阁（图 3.22）是孔庙中的藏书楼，3 檐楼阁，建于明代，黄瓦歇山顶。

(a) 立面图

(b) 外观

图 3.22　奎文阁

杏坛相传为孔子讲学的地方。坛周围植杏树，故称杏坛。金代以后在坛上建亭，后又改建为重檐十字脊方亭，四面悬山，黄瓦朱栏，彩绘精美华丽，如图 3.23 所示。

图 3.23　杏坛

大成殿是孔庙的主殿（图 3.24），后设寝殿，仍是前朝后寝的传统形制。大成殿下为两层台基，上覆黄琉璃瓦重檐歇山顶，屋身回廊环绕，前廊为 10 根深浮雕双龙对舞石柱，衬以云朵、山石，造型优美生动，是罕见的石刻艺术瑰宝（图 3.25），其余为浅浮雕云龙石柱。

图 3.24 大成殿

图 3.25 大成殿前檐石雕龙柱

3.3 陵墓

陵墓建筑是中国古代建筑的重要组成部分。中国古人普遍重视丧葬，在漫长的历史演变过程中，陵墓建筑逐步与绘画、书法、雕刻等艺术门派融为一体，成为反映多种艺术成就的综合体。

1. 陵墓建筑的组成

我国古代陵墓建筑主要由地下墓室、地上陵体、陵园建筑几部分组成。

地下墓室由木、砖、石 3 种材料构造而成。木椁墓从殷商开始直到西汉达到高潮；砖墓室始于战国末年，有空心砖墓、小砖拱券墓等；石室墓出现在西汉晚期，在五代十国时盛行。

地上陵体从"不树不封"发展为封土丘，经历了"方上"陵体、因山为陵、宝城宝顶的演化过程。

陵园建筑包括祭祀建筑（如享堂、献殿、寝殿等）、神道、护陵监等多种类型。

2. 秦始皇陵

秦始皇陵在陕西临潼骊山北麓，其平面为长方形（图 3.26），总占地 $2km^2$，周围有两道陵墙环绕。陵台是 3 层方锥台形式，最下一层尺寸为 $350m \times 345m$，3 层总高 46m，是中国古代最大的一座人工坟丘。

其地下墓室未经发掘，但《史记》记载：陵内以"水银为百川江河大海……上具天文，下具地理"，奢华程度可见一斑。

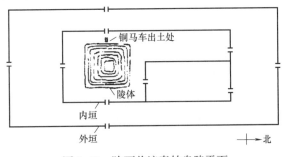

图 3.26 陕西临潼秦始皇陵平面

20 世纪 70 年代在陵东 1.5km 处发现 4 座俑坑，史书上对此并无记载。兵马俑估计有陶俑、陶马七八千件，至今只完成了局部发掘。陶俑队伍由将军、士兵、战马、战车组成 38 路纵队，面向东方。兵马的尺寸与真人真马相等，兵俑所持青铜武器仍完好而锋利。1 号坑是以步兵为主的军阵，约有 6000 人马；2 号坑是以战车和骑兵为主的军阵；3 号坑是军队指挥部，有兵马 70 个；4 号坑是未建成而废弃的空坑，如图 3.27 所示。

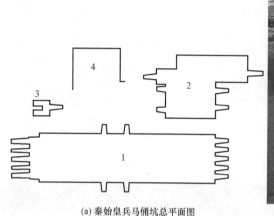

(a) 秦始皇兵马俑坑总平面图

(b) 秦始皇兵马俑坑1号坑

(c) 与真人真马相同尺寸的兵马俑

图 3.27　秦始皇兵马俑

3. 明十三陵

明代迁都北京后，在昌平天寿山形成集中陵区，称为“明十三陵”。明十三陵距北京约 45km，陵区的北、东、西三面山峦环抱，明十三陵沿山麓散布，各据岗峦，面向中心长陵，如图 3.28 所示。

长陵是明十三陵的首陵，规模最大，地位最为显要。它的前方设置了一条长 6.6km 的神道。神道以石牌坊为起点，沿线设大红门、碑亭、望柱、石象生（共 18 对，有马、骆驼、象、武将、文臣等）和棂星门。这条神道不仅是长陵的神道，也是整个陵区共用的唯一神道。各陵不再单独设置石象生、碑亭之类，这是与唐宋陵制全然不同之处，而为清代仿效。神道微有弯折，因为道路在山峦间前进，须使左右远山的体量在视觉上感到大致均衡，因此，神道略偏向体量小的山峦而距大者稍远。这种结合地形的细腻处理，显然是从现场潜心观察琢磨而来。通过它，少量的建筑控制住广阔的陵区空间，强化了陵区的整体性，将陵区的庄严肃穆和皇权的显赫威严发挥到极致。明十三陵的规划设计充分展现出

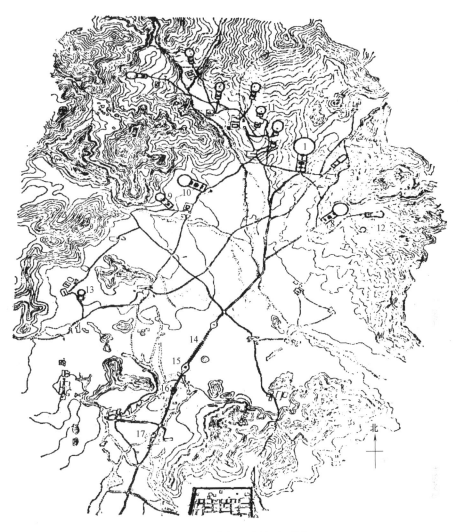

图 3.28 明十三陵总平面图

1—长陵；2—献陵；3—景陵；4—裕陵；5—茂陵；6—泰陵；7—康陵；8—永陵；9—昭陵；
10—定陵；11—庆陵；12—德陵；13—思陵；14—石像生；15—碑亭；16—大红门；17—石牌坊

陵墓建筑与自然环境的高度融合。

长陵如图 3.29 所示，平面布局仿"前朝后寝"模式，由三进院落和其后的圆形宝城组成。入陵门为第一进院，院内设神厨、神库、碑亭。入祾恩门为第二进院，庭院中央为祾恩殿（图 3.30、图 3.31）。祾恩殿是长陵的享殿，面阔 9 间，进深 5 间，上覆黄琉璃瓦重檐庑殿顶，下承三层汉白玉须弥坐台基，形制属于最高等级的建筑规制。其面积稍逊于故宫太和殿而正面面阔超过之，因此体量感觉大于太和殿，是我国现存最大的古代木结构建筑之一。祾恩殿通过内红门进入第三进院，院内设二柱门（图 3.32）和石五供。院北正中为方城明楼（图 3.32）。其下部用砖石砌筑方形墩台，称为"方城"，上部用砖砌重檐歇山顶碑楼，称为"明楼"。明楼后部接宝城、宝顶。宝城呈不规则圆形，周长 1km，上有垛口，形似城堡，其内的封土坟丘称为宝顶，上植松柏，地宫在封土之下。

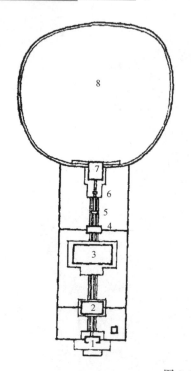

图 3.29　明长陵总平面图与鸟瞰图

1—陵门；2—祾恩门；3—祾恩殿；4—内红门；5—二柱门；6—石五供；7—方城明楼；8—宝顶

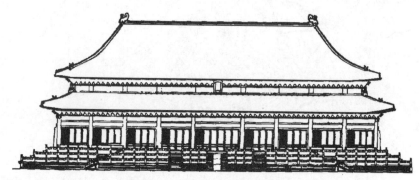

图 3.30　明长陵祾恩殿立面图

图 3.31　明长陵祾恩殿外观

图 3.32　明长陵二柱门和方城明楼

十三陵其余各陵的陵园布局与长陵大体近似，都由祾恩门、祾恩殿、方城明楼和宝城、宝顶组成，只是规模大小差别很大。

思考题

一、选择题

1. （多选题）中国古代宫殿建筑的发展阶段包括（　　）。

A. "茅茨土阶"的原始阶段　　　　B. 盛行高台宫室的阶段

C. 宏伟的前殿和宫苑相结合的阶段　　D. 纵向布置"三朝"的阶段

E. 祭祀自然神的阶段

2. （多选题）以下关于唐大明宫的描述，正确的是（　　）。

A. 唐大明宫遗址位于南京市北郊

B. 唐大明宫遗址是太上皇李渊修建的夏宫，名永安宫

C. 唐大明宫占地面积约 3.2km²，约为明清北京紫禁城的 4.5 倍

D. 全宫分为外朝、内廷两大部分，是传统的"前朝后寝"布局

E. 外朝三殿为含元殿、宣政殿、紫宸殿

3. （多选题）下列描述明清北京紫禁城宫殿正确的是（　　）。

A. 北京紫禁城是明、清两朝的皇宫，统称北京故宫

B. 紫禁城平面呈长方形，四面辟门，南面为正门午门，北面为神武门，东为东华门，西为西华门

C. 故宫分外朝、内廷两大区，按照"前朝后寝"方式布置，外朝在前部，是举行典礼、处理朝政、颁布政令、召见大臣的场所

D. 太和殿俗称金銮殿，供天子登基、颁布重要政令、元旦及冬至大朝会及皇帝庆寿等活动之用

E. 太和殿后的保和殿是大朝前的预备室，供休息之用

4. （多选题）紫禁城主要的建筑成就有（　　）。

A. 在总体布局上，强调沿中轴线做纵深发展和对称布置，反映了中国传统宗法礼制思想

B. 在建筑组合上，充分运用院落和空间的变化，烘托出不断变化的环境气氛，把皇权的崇高、神圣表达得淋漓尽致

C. 在建筑处理上，运用形体的变化和尺度的对比，以次要建筑来衬托突出主体建筑，使整个建筑群有主有从，等级分明，秩序井然，反映了封建社会的宗法等级观念

D. 在建筑色彩上采用强烈的对比色调，紫禁城与北京城灰色的基调形成鲜明对比，进一步表现出皇帝至高无上的权力和地位。

E. 举行隆重的祭祀神灵和祖先的典礼活动，表达对神灵及祖先的虔诚侍奉之意

5. （多选题）坛庙建筑的类别有（　　）。

A. 祭祀自然神　　　　B. 祭祀祖先

C. 祭祀先贤　　　　D. 祭祀山林

E. 祭祀四渎之庙

6. （多选题）以下关于陵墓的描述正确的有（　　）。

A. 我国古代陵墓建筑主要由地下墓室、地上陵体、陵园建筑组成

B. 地下墓室由木、砖、石3种材料构造而成

C. 砖椁墓从殷商开始直到西汉达到高潮

D. 秦始皇陵在陕西临潼骊山北麓，其平面为长方形

E. 长陵是十三陵的首陵，规模最大，地位最为显要

二、判断题（对的打√，错的打×）

1. 帝王祭祀祖先的宗庙称太庙，按周制，位于北京紫禁城前面东侧，即北京城南北中轴线之东，与社稷坛一起形成"左祖右社"的格局。　　　　　　　　　　（　　）

2. 陵墓建筑是中国古代建筑的重要组成部分。中国古人普遍重视丧葬，在漫长的历史演变过程中，陵墓建筑逐步与绘画、书法、雕刻等艺术门派融为一体，成为反映多种艺术成就的综合体。　　　　　　　　　　　　　　　　　　　　　　（　　）

3. 北京紫禁城的中和殿的用途是殿试进士、宴会用的。　　　　　　　　（　　）

4. 天坛是明清两朝皇帝每岁冬至日祭天与祈祷丰年的场所，建于明永乐十八年，经嘉靖年间改建而得以完善。　　　　　　　　　　　　　　　　　　　（　　）

三、问答题

1. 北京天坛由几部分组成？

2. 简要分析明清北京紫禁城规划布局特征。

3. 明十三陵的平面布局有哪些特点？

绘图实践题

请用A4绘图纸完成下列图形的抄绘实践。

1. 抄绘图3.5中的明清北京紫禁城平面图。

2. 抄绘图3.15北京天坛位置及总平面布局图。

3. 抄绘图3.30明长陵祾恩殿立面图。

码3-4　第3讲思考题参考答案

第**4**讲

Chapter 04

城市建设、住宅

 学习目标

知识目标：

1. 了解中国古代城市的发展概况和中国古代都城在选址、防御、道路规划等方面的经验；
2. 掌握唐长安城、明清北京城的城市布局特点；
3. 了解我国住宅建筑的发展概况和主要类型；
4. 掌握我国典型住宅建筑的特征。

能力目标：

1. 能分析中国古代城市的发展脉络；
2. 能分析我国住宅建筑的发展脉络；
3. 能分析不同民族和区域住宅建筑的特征。

思维导图

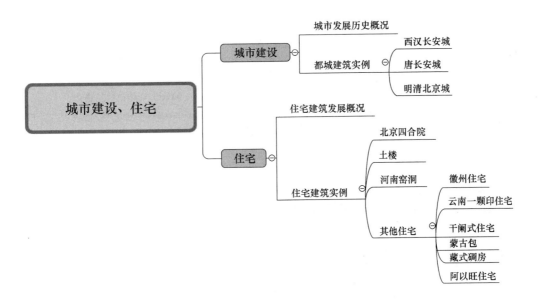

问题引入

　　中国古代城市建设是中国古代建筑中较为典型、有较高成就的一个方面。帝王们往往喜欢选择一个城市作为都城，同学们知道古代中国有哪些著名的都城呢？

　　图 4.1 为北京城历史变迁新老照片，请同学们收集关于北京城变迁的历史，分享给大家。

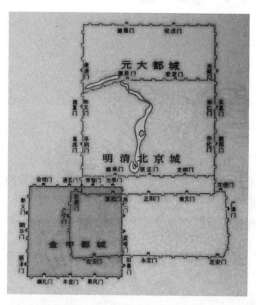

(a) 平面图1

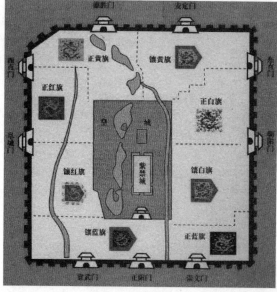

(c) 北京八旗驻守区域示意图和北京城门示意图

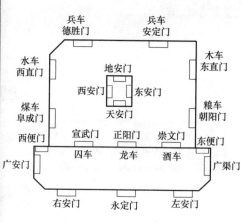

(b) 平面图2

　　清顺治元年，北京内城分为八个区域，八旗分别驻守，拱卫皇城。

　　皇帝住的皇城有四个门分别是天安门、地安门、东安门、西安门。

图 4.1　北京历史变迁新老照片（一）

(d) 老北京照片1

(e) 老北京照片2

(f) 老北京照片3

(g) 北京城俯瞰图

图 4.1　北京历史变迁新老照片（二）

4.1　城市建设

1. 城市发展历史概况

中国古代城市有三个基本要素：统治机构（宫廷、官署）、手工业和商业区、居民区。各时期的城市形态也随这三者的发展而不断变化，大致可以分为四个阶段。

码 4-1　中国古代
城市发展概况

第一阶段是城市初生期，即原始社会晚期和夏、商、周三代。

城市始于原始社会氏族部落的聚落。目前考古发现的新石器时代城址有 30 余座，如西安半坡村遗址（图 2.2）。

有人认为河南偃师二里头宫殿遗址是夏朝的都城之一——斟鄩。该遗址占地面积达 8 万 m²，周围分布着青铜冶铸、陶器骨器制作的作坊和居民区，总占地面积约 9km²，其间还出土了众多玉器、漆器、酒器等，表明这里曾有过较为发达的手工业和商品交换，虽然还没有发现城墙遗址，但被认为是一座具有相当规模的城市。

商代的几座城市遗址——郑州商城（图 4.2）、偃师商城、湖北盘龙商城、安阳殷墟

（图 4.3）也有成片的宫殿区、手工业作坊区和居民区。上述城市中各种要素的分布还处于散漫而无序的状态，中间并有大片空白地段相隔，说明此时的城市还处于初始阶段。

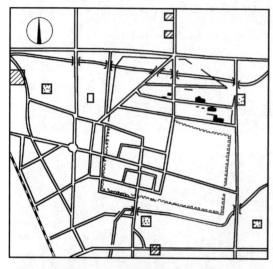

图 4.2　河南郑州商城遗址平面

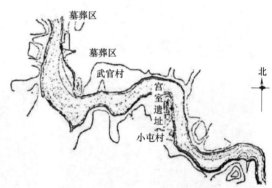

图 4.3　河南安阳殷墟遗址

第二阶段是里坊制确立期，即春秋至汉。

铁器时代的到来、封建制度的建立、地方势力的崛起，促成了中国历史上第一个城市发展高潮，新兴城市如雨后春笋般出现。而城市规模的扩大、手工业商业的繁荣、人口的迅速增长以及日趋复杂的城市生活，必然要求采取有效的措施来保证全城的有序运作和统治集团的安全，于是新的城市管理和布置模式产生了：把全城分隔为若干封闭的"里"作为居住区，商业与手工业则限制在一些定时开闭的"市"中，统治者们的宫殿、衙署占有全城最有利的地位，并用城墙保护起来。"里坊"制城市布局模式形成。"里"和"市"都环以高墙，由吏卒和市令管理。

第三阶段是里坊制极盛期，即三国至唐。

三国时的曹魏都城——邺（图 4.4）是一种布局规则严整、功能分区明确的里坊制城市格局：宫殿位于城北居中，全城作棋盘式分割，居民与市场组成"里"（"里"在北魏以后又称"坊"），形成功能分区明确、交通方便的里坊制城市布局。

里坊制经唐代继承发展，唐长安成为当时世界上最大的城市，规划布局严整，实行里坊市肆制度。三国至唐是里坊制盛期。唐长安城是里坊制的典范。

第四阶段是开放式街市期，即宋代以后。

北宋时代，城市的布局和面貌也发生了很大改变，里坊制被打破，店铺密集的商业街代替了集中的市肆，代之而起的是开放式的城市布局。

明清时期城市已经发展成为较成熟的自由开放模式，城市的商业和经济功能增强，但封建等级制度在城市及建筑上的表现更加明晰，如明清北京城。

另外，古代帝王对于都城的选址都很重视，往往派遣亲信大臣勘察地形与水文情况，主持营建，在选址、防御、规划、绿化、防洪、排水等方面为中国古代城市建设积累了丰富的经验。

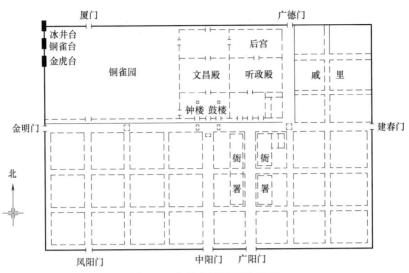

图4.4 曹魏邺城平面推测图

在选址方面，除勘察地形与水文情况，还综合考虑政治、军事、经济、饮用水、漕运等方面。

在防御方面，为了保护统治者的安全，采用城郭制。城、郭或称内城、外城。都城一般有三重城墙：宫城（紫禁城）；皇城或内城；外城（郭）。多数郭包于城外（图4.5），少数郭附在城的一侧（图4.6）。为了加强防御能力，许多城市设有二道以上城门，形成"瓮城"。城墙每隔一定间距，突出矩形墩台，以利防守者从侧面射击攻城的敌人，这种墩台称为敌台或马面。此外还有军士值宿的窝铺，指挥战争用的城楼、乱楼，抵御矢炮用的城垛、战棚等防御设施。

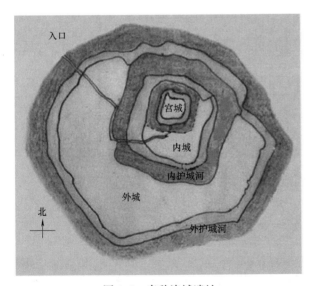

图4.5 春秋淹城遗址

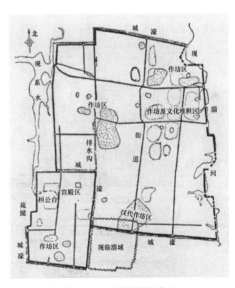

图4.6 齐临淄城遗址

在道路方面，中国古代城市道路多采用以南北向为主的方格网布置。

在市肆建设方面，《考工记》中有"面朝后市"的记载，早期的市主要具有商品交换功能。宋以后城市中市的形式多样，还增加了一些酒楼饭馆、杂耍游艺等，明清时北京有一年一度的集市庙会等。

2. 都城建设实例

（1）西汉长安城

西汉长安城（图 4.7）是在秦咸阳原有的离宫——兴乐宫的基础上建立起来的。其后汉高祖又建造了未央宫，作为西汉长安的主要宫殿。惠帝以后，由兴乐宫改成的长乐宫供太后居住。由于长安是利用原有基础逐步扩建的，而且北面靠近渭水，因此城市布局不规则。

长安城地势南高北低，城的平面呈不规则形状，周长 21.5km，有 12 个城门，城墙用黄土筑成，最厚处约 16m。皇宫和官署分布于城内中部和南部，有未央宫和长乐宫等几座大殿；西北部为官署和手工业作坊；居民居住在城的东北隅。长乐宫位于城的东南角，未央宫位于西南角。城内有 8 条主要道路，方向取正南正北，呈十字或 T 字交叉。汉武帝时，兴建城内的桂宫、明光宫和城西南的建章宫、上林苑。西汉末年，又在城南郊修建宗庙、社稷、辟雍等礼制建筑，这时的长安有 9 府、3 庙、9 市和 160 间里。

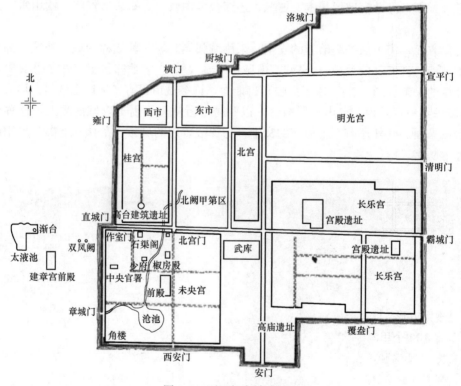

图 4.7　西汉长安城遗址平面

（2）唐长安城

隋文帝在长安建都时，放弃了已经破败且地下水有盐碱的原汉长安城，新城选址在汉长安旧址东南龙首山南面。新城定名为大兴城，由陆续建造完工的宫城、城、罗城组成。其功能分区明确，全城采用严整的棋盘式布局，城内道路宽而直，中轴线北端为城、宫城，其余划为 109 个里坊和 2 个市（东为都会市，西为利人市）。并陆续开挖永安渠、清明渠、龙首渠、广通渠等，以满足城市、苑囿、漕运用水。

唐代将大兴城改名为长安，在原布局基本不变的情况下，新建了大明宫、兴庆宫等工程，形成了唐都长安的面貌特征（图 4.8）。

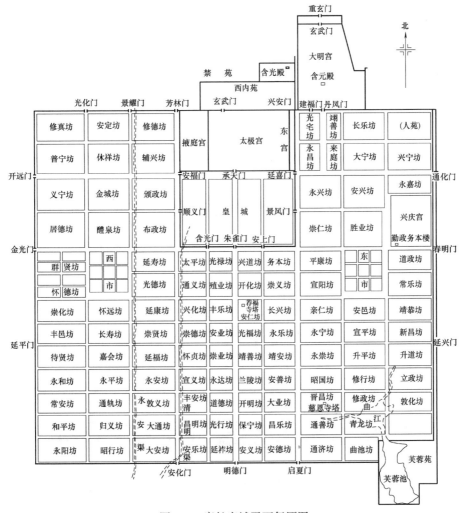

图 4.8 唐长安城平面复原图

城市呈规则方形，每边各设 3 座城门，内有文武官府、宗庙、社稷坛及官营手工作坊。

长安城有 109 个里坊，里坊大小不一。长安城规模宏大，规划严整，分区明确，中轴对称布局突出，以宫城正门承天门为起点，经皇城正门朱雀门和朱雀大街，直到外城正门明德门，全长约 5316m。

唐长安城是我国严整方格网式布局城市的典范，对宋东京、金中都、元大都以及日本古都平成京和平安京的规划营建产生了巨大影响。

（3）明清北京城

明北京城是利用元大都原有城市改建的。北京的城墙平面呈凸字形。清北京城的规模没有再扩充，城的平面轮廓也不再改变，主要是营建苑囿和修建宫殿。

明北京外城东西长 7950m，南北长 3100m。南面 3 座门，东西各 1 座门，北面共 5 座门，中央 3 门就是内城的南门，东西两角门则通城外。内城东西长 6650m，南北长 5350m，南面 3 座门（即外城北面的 3 门），东、北、西各两座门。这些城门都有瓮城，建有城楼。内城的东南和西南两个城角建有角楼。

由此形成了一条横贯全城、全长约 7500m 的南北中轴线（从南到北）：永定门（外城正门）→正阳门（内城正门）→天安门（皇城正门）→端门→午门（宫城正门）→宫城内 6 座门、7 座殿→神武门→景山→地安门→鼓楼→钟楼。沿这条轴线布置城阙门洞、华表、宫殿、桥梁和各种空间比例的广场，并在轴线两侧近旁根据中国传统的宗法礼制思想分别设置天坛、先农坛、太庙和社稷坛等礼制建筑。轴线上的建筑高大雄伟，红墙黄瓦房顶，与周围居民区的青灰瓦顶住房形成强烈的对比，从城市规划和建筑设计方面强调封建帝王的至高无上。

居民区分布在内外城内，由胡同分割为间距约 70m 的居住地段，每个居住地段中间多由三进的四合院并联组成。内城多住官僚、贵族等，外城多住一般老百姓。北京的市肆多集中在皇城周围，如城北鼓楼一带，城东西的东、西四牌楼一带，城南正阳门外一带。

明清北京城（图 4.9）布局继承了历代都城规划的传统，体现了宗法礼制思想；布局艺术上运用了强调中轴线的手法，重点突出，主次分明，形成宏伟壮丽的城市景观，在世界城市史上也不多见。明清北京城是中国古代城市规划建设经验的集中体现。

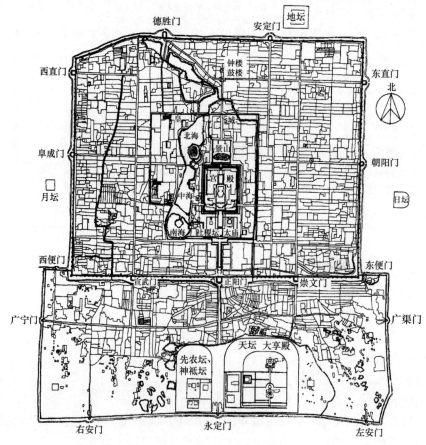

图 4.9　明清北京城

4.2　住宅

1. 住宅建筑发展概况

住宅是人类最早的一种建筑类型。原始人类曾依靠天然山洞栖身。约6000～10000 年前，巢居、穴居成为人类住宅建筑的雏形，并逐渐形成了最初的聚落。随着社会生产力的提高，穴居、巢居逐渐演化为木骨泥墙建筑和干阑式建筑。新石器时期，以农业为主的定居生活的人们开始有意识地改造居住生存环境。

码 4-2　住宅
建筑发展概况

进入奴隶制社会，出现了城市型居民点和农村型居民点，住宅类型也丰富起来。有文献记载的住宅历史可以追溯到春秋时期。根据《仪礼》记载，春秋时期士大夫的住宅由庭院组成。

汉代的住宅形式主要有两种：

一种是继承传统的庭院式，由墓葬出土的画像石、画像砖、明器陶屋等实物可见，规模较小的住宅有三合院、L 形住房和围墙形成的"口"字形院及前后两院形成的"日"字形院（图 4.10）。中等规模的住宅如四川成都出土的画像砖（图 4.11），右侧有门、堂院两重，是住宅的主要部分；左侧为附属建筑；院也分为两重，后院中有方形高楼 1 座。

(a) 三合院　　　　(b) L形住房与围墙形成"口"字形院　　　　(c)"日"字形院

图 4.10　住宅形象

另一种是坞堡（也称坞壁），即平地建坞，围墙环绕，前后开门，坞内建望楼，四隅建角楼，是一种防御性强的建筑（图 4.12）。坞堡主多为豪强、地主，借助坞堡加强防御，组织私家武装。

隋唐五代，住宅仍常用直棂窗回廊绕成庭院，这可从敦煌壁画中得到佐证。宅第大门有些采用乌头门形式，有些仍用庑殿顶；庭院有对称的，也有非对称的（图 4.13）。

宋代里坊制解体，开放式街巷制替代了里坊制，城市结构和布局起了根本变化，城市住宅形制也呈多样化。以《清明上河图》（图 4.14）所描绘的北宋汴梁为例，平面十分自由，有院子闭合、院前设门的，有沿街开店、后屋为宅的，有两座或三座横列的房屋中间联以穿堂呈工字形的等。

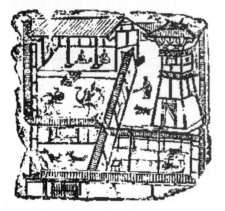

图 4.11 四川成都画像砖

图 4.12 坞堡形象

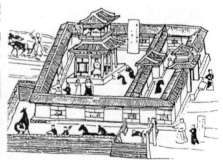

图 4.13 敦煌壁画中的唐代住宅

图 4.14 《清明上河图》中的北宋住宅

明清两代，北方住宅以北京四合院为代表，按南北纵轴线对称布置房屋和院落；江南地区的住宅，则以封闭式院落为单位，沿纵轴线布置，但方向并非一定的正南正北。大型住宅有中、左、右三组纵列的院落组群，宅左或宅右建造花园，创造了优美而适宜人居的城市住宅生活环境。

2. 住宅建筑实例

（1）北京四合院

北京四合院是北方地区院落式住宅的典型。其平面布局以院为特征，根据主人的地位及基地情况（两胡同之间的隙地），有两进院、三进院、四进院或五进院几种，大宅则除纵向院落外，横向还增加平行的跨院，并设有后花园。

最常见的为三进院的北京四合院（图4.15、图4.16），大门一般开在东南角上，入口对面是影壁，向西进入前院，前院较浅，以倒座为主，主要用作门房、客房、客厅，靠近大门的一间多用于门房或男仆居室；大门以东的小院为塾，西部小院内设厕所。前院属对外接待区，非请不得入内。

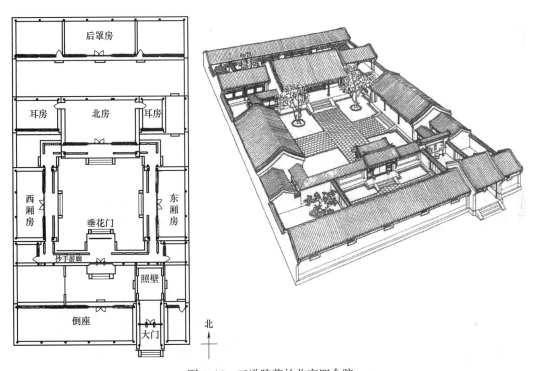

图 4.15　三进院落的北京四合院

内院是家庭的主要活动场所。外院和内院之间以中轴线上的垂花门（图4.17）相隔，界分内外；内院正北是正房，也称上房、北房或主房，是全宅地位和规模最大者，为长辈起居处；内院两侧为东、西厢房，为晚辈起居处；正房两侧较为低矮的房屋叫耳房，耳房前附有小跨院，常被作为杂物院使用，也有于此布置假山、花木的；垂花门与厢房和正房之间由抄手游廊连接，方便雨雪天行走。内庭院面积大，院内栽植花木，陈设鱼缸盆景，家人可在此纳凉或劳作，其为安静舒适的居住环境。

图 4.16　三进四合院模型

图 4.17　垂花门

　　后院是家庭服务区，建有一排后罩房，用于布置厨房、杂房和仆役用房等，院内有井。

　　整个四合院在布局上中轴对称，等级分明，秩序井然，宛如京城规制缩影。四合院的做法规范化且成熟，主要建筑为叠梁式结构、硬山屋顶形式，次要房间也可用平顶；色彩以灰色屋顶和青砖为主；房屋墙垣厚重，对外不开放，靠朝向内庭院的一面采光，故院内安静、风沙小。因而，门成为分界内外、引导秩序、身份地位的体现。入口大门分为屋宇式和墙垣式两种，如图 4.18 所示。屋宇式等级高，其中又分为王府大门和一般贵族的广亮大门、金柱大门、蛮子门、如意门等，等级依次降低。墙垣式门等级低，可做成小门楼或栅栏门，用于简陋的宅院。

(a) 王府大门

(b) 广亮大门

(c) 金柱大门

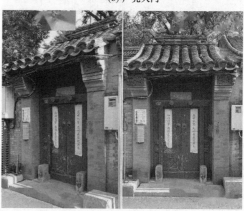

(d) 蛮子门

图 4.18　入口大门（一）

(e) 如意门　　　　　　　　　　　　　(f) 墙垣式门

图 4.18　入口大门（二）

（2）土楼

土楼的主要分布地为：福建、广东、江西南部等。

客家的先民是黄河流域的汉人。东晋时，因战乱、饥荒等原因数次南迁，南宋以后，在闽、粤、赣 3 省边区形成客家民系。

土楼以群聚一楼为主要方式，楼高耸而墙厚实，用土夯筑而成。

土楼的主要类型有圆形楼、方形楼、五凤楼、椭圆形楼、八卦形楼、半月形楼等。以福建永定客家土楼最为典型，如图 4.19 所示。

图 4.19　福建土楼景观

永定客家土楼堪称客家住宅的典型。永定客家土楼分为圆楼和方楼两种。圆楼的承启楼被称为圆楼之王（图 4.20、图 4.21），建于清顺治元年（1644 年），布局上全楼为三环一中心。中心为大厅，建祠堂。内一环为单层，设 32 个房间。外一环为两层，每层设 40 个房间。最外环为 4 层，高 12.4m，平面直径达 72m，每层设 72 个房间，底层用作厨房、畜圈、杂用，二楼用于贮藏，一、二楼层对外不开窗，上两层为卧室，有回廊连通各室，因内环和祠堂低矮，故内院各卧室采光良好。全楼约有 400 个房间，走廊周长 22934m，有 3 个大门，3 口水井。

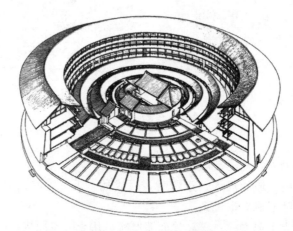

图 4.20 承启楼剖视图

图 4.21 承启楼庭院内部

图 4.22 遗经楼

方楼以遗经楼最具代表性（图 4.22），其建于清咸丰元年（1851 年），外墙东西宽 136m，南北长 76m，主楼高 17m，共 5 层。主楼左右两端分别垂直连接四层的楼房，并与同主楼平行的四层"中厅楼"相接，构成回字形楼群。楼前有一个大石坪，石坪左右建有学堂，供楼内子弟就读，石坪前建有大门楼，高 6m，宽 4m，气势恢宏。主楼后有花园、鱼塘及碓房、牛舍等附属建筑。

　　土楼建筑布局规整，条理井然。福建土楼的建筑特色表现在突出的防卫性能、奇特的外观造型与内部空间、群体与环境的有机结合以及高超的建造技术。客家土楼的技术是北人南迁后结合需求及当地气候条件创造出来的。第一，出于防卫需求，土筑外墙高大厚实，福建永定一带土楼墙一般厚达 1～1.5m，有的厚达 2.4m。在做法上把竹筋、松枝放入生土墙，起加筋作用，再在土内配以块石混合，夯筑后十分牢固。第二，地处南方，注意防晒，在内墙、天井、走廊、窗口处及屋顶部分，将檐口伸出，利用建筑物的阴影，减少太阳辐射。第三，在建筑物内部，采用活动式屏门、隔扇，空间开敞、通透，有利空气流通。客家土楼兼具南北特点，又因地制宜进行创造，是移民文化在住宅中的典型表现。

　　（3）河南窑洞

　　窑洞主要分布在豫西、晋中、陇东、陕北、新疆吐鲁番一带。窑洞与穴居有着密切的联系，是北方黄土高原上的独特居住形式。窑洞具有冬暖夏凉、防火隔声、抗震性能强、经济实用、少占农田等优点，但也存在潮湿、阴暗、空气不流通、施工周期长等缺点。窑洞主要有 3 种形式。

码 4-3　河南
窑洞

　　① 靠崖窑（图 4.23）：靠崖窑有天然的崖面。

　　河南巩县（今巩义市）处于黄土高原南缘，境内风成性黄土覆盖层面积大，厚度十米至百余米不等，又气候干燥，故适宜挖窑洞居住。窑洞的代表性建筑是巩义康百万庄园（图 4.24），临街建楼房，靠崖筑窑洞，四周修寨墙，濒河设码头，集农、官、商为一体，布局严谨，规模宏大；其主要有住宅区、栈房区、南大院、祠堂区等 10 个部分，总建筑面积为 64300m^2，有 33 个院落，53 座楼房，1300 多间房舍和 73 孔窑洞。庭院建筑基本属于豫西地区典型的两进式四合院，也具有园林及官府的一些特点，各类砖雕、木雕、石雕华丽典雅，造型优美。

图 4.23　靠崖窑

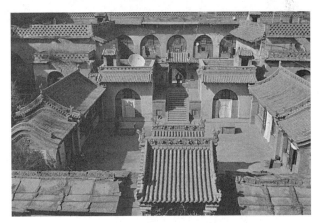

图 4.24　巩义康百万庄园

　　② 下沉式窑洞（地坑院）（图 4.25）：下沉式窑洞是在没有天然崖面的情况下，于平地下挖竖穴成院，再由院内四壁开挖窑洞的方式。

　　首先需解决的是由地面入窑院的交通问题，常见的有坡道、台阶、直通、坡道与台阶并列几种；其次，院内需排水，有对外挖涵洞或院内挖渗井两种；再则，窑洞之上方应有足够的土层以满足结构及冬暖夏凉的功能要求，一般土层厚度在 3m 左右。巩县西村乡、康店乡、孝义镇多见此种窑院。

③ 砖砌锢窑：锢窑是在没有开挖窑洞条件的地方，用砖石发券构建的窑洞房屋。

平遥古民居中的正房是窑洞式民居建筑（图 4.26），称为锢窑，属于地上拱窑。

图 4.25　下沉式窑洞

图 4.26　平遥古民居的砖砌锢窑

（4）其他住宅

① 徽州住宅（图 4.27）

图 4.27　徽州住宅

徽州住宅是明代住宅中最具代表性的。徽州住宅一般规模不大，主要以布局紧凑、装修华美、用材精良见长。

徽州明代住宅基本为方形或矩形的封闭式三合院、四合院及其变体，大多为二层楼房。住宅外观高墙封闭，马头翘角，墙线错落有致，白墙黛瓦，素雅大方。唯一重点装饰的地方是大门，一般采用门罩式或门楼式（一种贴墙牌楼的形式），用磨砖雕镂成仿木构造的柱、枋、斗、檐椽等形式，如图 4.28 所示。

住宅内部木雕精美（图 4.29），刀法流畅，丰满华丽而不琐碎。

② 云南一颗印住宅（图 4.30）

云南一颗印住宅与四合院大致相同，"三间四耳倒八尺"是一颗印住宅最典型的格局，即正房有 3 间，左右两侧各有 2 间耳房，大门居中，门内设倒座，倒座深 8 尺。住宅高两层，对外不开窗，形成封闭的天井院，房屋高、天井小，可挡住太阳强光的直射，十分适合低纬度、高海拔的高原型气候特点。住宅外围为高墙，整个建筑外观方方整整，如同一颗印章，俗称"一颗印"。

图 4.28　大门的装饰

图 4.29　徽州住宅的木雕

图 4.30　云南一颗印住宅

图4.31 云南傣族干阑式住宅

③ 干阑式住宅（图4.31）。

干阑住宅分布于云南、贵州、广西、海南、四川等地，是傣族、壮族、侗族、布依族和景颇族等10多个少数民族的住房形式。西南各少数民族常依山面溪建造木结构干阑式楼房，楼下架空，楼上居住，采用坡屋顶形式。其中以云南傣族名为竹楼的木结构干阑式楼房最有特色，它使用平板瓦盖覆很大的歇山屋顶，用竹编席箔为墙，楼房四周以短篱围成院落，院中种植树木花草，有浓厚的亚热带风光。

④ 蒙古包（图4.32）

居住在内蒙古、新疆辽阔草原的蒙古族、哈萨克族、塔吉克族等广大牧民，为适应"逐水草而居"的生活方式，以易于搬迁的毡包为宅，用木条编骨架，外覆毛毡，蒙古包高约2m，直径4～6m；室内用地毯、壁毯以保暖、防潮，用顶部圆形天窗通风、采光。

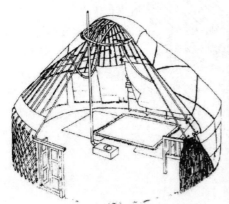

(a) 蒙古包草图和安装实例

(b) 蒙古包实例

图4.32 蒙古包

⑤ 藏式碉房（图 4.33）

藏式碉房以厚石墙、木梁柱、小跨、低层高、平屋顶和梯形窗套为特点，很适合藏区的干寒气候和藏民习惯帐篷低空间的生活习俗。藏式碉房大都采用石木混合结构，外墙明显收分，呈现上小下大的梯形轮廓，石墙的材质粗犷，小窗的尺度窄小，建筑通体稳重、敦实、封闭。

图 4.33　藏式碉房

⑥ 阿以旺住宅（图 4.34）

阿以旺住宅主要分布地为新疆南部。

"阿以旺"是一种带有天窗的夏室（大厅），中留井孔采光，天窗高出屋面约 40～80cm，供起居、会客之用，后部作卧室，也称冬室，各室也用井孔采光。住宅的平面布局灵活，多为土墙平顶，一层或两三层，围成院落。外观朴素，室内多处设壁龛，用石膏雕饰，木地板上铺地毯；墙面喜用织物装饰，并以质地、大小来标识主人身份。屋侧有庭院，夏日葡萄架下，可休憩纳凉。

图 4.34　新疆阿以旺住宅屋侧庭院

思考题

一、选择题

1.（多选题）古代城池的选址主要考虑的因素有（　　）。

A. 靠近水源地

B. 天然防御屏障

C. 便于耕作

D. 利于排洪泄涝

E. 便于迁徙

2.（多选题）商代的城市遗址有（　　）。

A. 北京故宫

B. 郑州商城

C. 偃师商城

D. 湖北盘龙城

E. 安阳殷墟

3.（多选题）下列描述北京四合院特征正确的是（　　）。

A. 北京四合院以院落布局为主要特征

B. 大型住宅除沿轴线在纵深方向增加院落外，也可向左右增加平行的跨院，并建有花园

C. 住宅的大门一般开在西南角上，宅之巽位

D. 最常见的是三进院落的北京四合院

E. 具有冬暖夏凉、防火隔声、抗震性能强、经济实用、少占农田等优点

4.（多选题）汉代住宅的形式主要有（　　）。

A. 传统的庭院式

B. 四合院式

C. 坞堡（坞壁）

D. 庙宇式

E. 砖砌的锢窑

5.（单选题）下列不是明清北京城建设中运用的手法为（　　）。

A. 中轴线

B. 重点突出

C. 星形轮廓

D. 主次分明

6.（多选题）土楼的建筑特色表现在（　　）。

A. 突出的防卫性能

B. 奇特的外观造型与内部空间

C. 群体与环境的有机结合

D. 高超的建造技术

E. 存在潮湿、阴暗、空气不流通、施工周期长等缺点

二、判断题（对的打√，错的打×）

1. 中国古代城市道路多采用以南北向为主的方格网布置。 （　　）

2. 在防御方面，古代都城为了保护统治者的安全，采用城郭制。 （　　）

3. 土楼是少数民族的住宅形式。 （　　）

4. 窑洞是中国北方黄土高原上特有的民居形式，与穴居有着密切的历史沿袭关系。（　　）

三、思考题

1. 简述里坊制度，讨论里坊制度对城市建设的影响。

2. 上网搜索古代中国其他的住宅形式，并与同学分享。

绘图实践题

请用 A4 绘图纸完成下列图形的抄绘实践。

1. 抄绘图 4.15 三进院落的北京四合院。

2. 抄绘图 4.20 承启楼剖视图。

3. 抄绘图 4.30 云南一颗印住宅、图 4.32 中的蒙古包草图。

码 4-4　第 4 讲思考题参考答案

第**5**讲

Chapter **05**

古典园林和宗教建筑

学习目标

知识目标：

1. 了解中国古代园林的发展概况；
2. 理解颐和园、拙政园等明清皇家园林、江南私家园林的布局、设计手法；
3. 了解中国古代佛教、道教、伊斯兰教建筑的发展概况；
4. 理解各类佛塔、佛寺、道观及清真寺的主要特征。

能力目标：

1. 能够简单分析园林的规划布局和构成要素；具备初步的园林设计能力；
2. 能简单分析佛塔的类别和外观特征；
3. 能简单分析佛寺建筑的外观艺术特点和木构特征。

思维导图

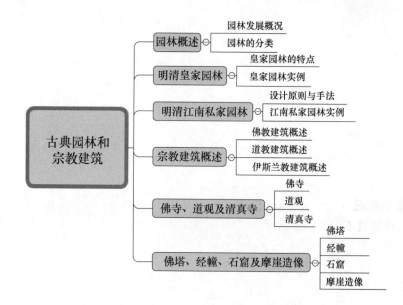

古典园林和宗教建筑

- 园林概述
  - 园林发展概况
  - 园林的分类
- 明清皇家园林
  - 皇家园林的特点
  - 皇家园林实例
- 明清江南私家园林
  - 设计原则与手法
  - 江南私家园林实例
- 宗教建筑概述
  - 佛教建筑概述
  - 道教建筑概述
  - 伊斯兰教建筑概述
- 佛寺、道观及清真寺
  - 佛寺
  - 道观
  - 清真寺
- 佛塔、经幢、石窟及摩崖造像
  - 佛塔
  - 经幢
  - 石窟
  - 摩崖造像

问题引入

　　我国是世界文明古国，自古以来就有崇尚自然、热爱自然的传统，经过历朝历代皇家苑囿和文人墨客宅府园林的变迁演化，逐步形成了独具特色的中国古典园林。同学们知道圆明园的历史吗？

　　图 5.1 为圆明园遗址公园。圆明园西洋楼大水法是谁设计的？大家来说一说圆明园的故事吧。

(a) 大水法

(b) 水力钟

(c) 海晏堂

图 5.1　圆明园遗址公园

5.1　园林概述

1. 园林发展概况

　　我国的园林建筑不仅是建筑艺术的展示，还包含了文学、绘画、哲学、雕刻等多种艺术门类，可以说是中华民族伟大文化的综合体现。

　　从殷周时期商纣王在沙丘营造了我国历史上第一个"囿（yòu）"作为我国园林的起源，至今已有 3000 多年的历史。早期的"囿"以供帝王聚结

码 5-1　中国园林概述

后妃，群臣狩猎游乐为主。

秦汉时期的囿无论在规模上还是内容上都有了很大的变化，尤其是囿中开始建宫设馆，以供帝王寝居与观赏之用，使宫室建筑与自然山水有机组合。在宫苑内开凿太液池，池中堆筑方丈、蓬莱、瀛洲三岛，"囿"开始演变为"苑"。这就是中国历代皇家园林创作中"一池三山"的原型。

魏晋南北朝时期是我国自然式山水园林的奠基时期。这一时期政局动荡，士人悲观厌世，回归自然的思想兴起，讴歌自然之美的山水诗、山水散文、山水画、山水园林由此诞生并得到发展。因此，这时期开始出现了私家园林和寺庙园林两种园林的新形式。可以说这是中国园林建筑上的体系形成期，那些在后期大放异彩的各式园林这时已经逐渐出现了。

唐宋时期园林艺术进一步发展，园林的类别更加丰富多彩，增加了供市民游玩的公共园林，园林设计从模仿自然走向写意山水。

经过元代短暂的低落后，园林又迎来了明清而尤以清代为主的第二个营造高潮。这一时期全国的园林建设达到顶峰，清代先后兴建了大量规模宏大的皇家园林，如清三海、圆明园、颐和园、承德避暑山庄等，并且园林的建设也作为一种专门的建筑类别而被研究，还有了专门论述园林建造的书籍，如明末著名造园家计成结合自己的造园实践，创作了集美学、艺术、科学于一体的中国古典园林艺术典籍——《园冶》。

2. 园林的分类

园林根据其隶属关系可大体分为以下三大类。

（1）皇家园林

皇家园林是皇帝及皇室拥有的园林，其特点是规模宏大，真山真水较多，园中建筑色彩富丽堂皇、体型高大。古籍称为"苑""苑囿""宫苑""御苑""御园"等，如汉代上林苑、东晋华林园、北宋艮岳、清代圆明园等。

（2）私家园林

私家园林是指王公、贵族、地主、富商、士大夫等私人所有的园林，其特点是规模相对较小，常用假山假水，建筑小巧玲珑。古籍里称为"园""园亭""园墅""池馆""山庄""别业""别墅""草堂"等，如谢灵运的始宁别业、白居易的庐山草堂、王维的辋川别业等。

（3）寺庙园林

寺庙园林是指佛寺、道观、名人祠堂等的附属园林。它的特征是面向广大香客、游人，除了传播宗教以外，带有公共游览性质，选址规模不限，分布在自然环境优越的名山胜地，寿命绵长，数量多，是寺庙建筑、宗教景物、人工山水和自然景观的综合体，如庐山东林寺、苏州的寒山寺、杭州的灵隐寺、成都的武侯祠等。

5.2 明清皇家园林

1. 皇家园林的特点

皇家园林是在京城周围设置若干苑囿供皇帝及皇室进行各种活动的场所，如起居、骑射（畋猎）、观奇、宴游、祭祀以及召见大臣、举行朝会等。

明代的帝苑与唐宋相比，其数量与规模可以说是微不足道。清代的情况就大不相同了，清帝苑囿之盛可使汉上林苑、唐御苑、宋艮岳都相形见绌。

清代帝苑一般分为两大部分：一部分是居住和朝见的宫室；另一部分是供游乐的园林。宫室部分占据前面的位置，以便交通与使用，园林部分处于后侧，犹如后园、承德避暑山庄、圆明园、颐和园等大体都作如此布置。皇帝每年约有一半以上的时间住在苑中，只有冬季祭祀和岁首举行重大典礼的一段时间才回到城内宫中，苑囿实际上成了皇帝主要居住场所，从康熙至咸丰，除乾隆外，其他几个皇帝都死于苑中。

清代苑囿理景的指导思想是集仿各地名园胜迹于园中。根据各园的地形特点，把全园划分若干景区，每区再布置各种不同趣味的风景点和园中园，如北京静明园有 32 景，承德避暑山庄有康熙时的 36 景和乾隆时的 36 景，圆明园有 40 景，每景都有点景的题名。实际上，这种方法采自西湖 10 景等江南名胜风景区的理景方法。所以全国各地，尤其是江南一带的优美风景，是清苑囿造景的创作源泉。

帝王苑囿由于其政治和生活上的要求而产生特定的建筑布局与形式，与一般宫廷建筑不同。宫廷建筑极其严肃隆重：轴线对称，崇台峻宇，琉璃彩画。苑囿建筑除了朝会用的那一部分外，其他多较活泼，随景布置，使人有轻松感，建筑式样变化多，与地形结合紧密，与山石、花木、池水浑然一体，建筑体量比较小巧，屋面以灰瓦卷棚顶为多，不常用斗拱，装修简洁轻巧，或不用彩画，比较素雅。

至于花木配植，也因园林规模大而多作群植或成林布置，不同于私家园林的以单株欣赏为主。

由于苑囿规模大，又根据自然山水改造而成，因此各园都巧于利用地形，因地制宜，形成各自的特色，如圆明园利用西山泉水造成许多水景；颐和园以万寿山和昆明湖相映形成主景；承德避暑山庄以山林景色见长等。

2. 皇家园林实例

（1）颐和园

颐和园位于北京海淀区，面积 340 万 m^2。前身是清漪园，清乾隆十五年（1750 年）始建，1860 年被英法联军所毁，1888 年修复后更名为颐和园，1900 年遭八国联军破坏，1905 年重建。

颐和园的布局（图 5.2）根据使用性质和所在区域大致可分为四部分：①东宫门和万寿山东部的朝廷宫室部分；②万寿山前山部分；③万寿山后山和后湖部分；④昆明湖、南湖和西湖部分。全园总面积 4000 余亩，水面占全园 3/4 的面积。

处于万寿山前山中心地段的排云殿和佛香阁（图 5.3），是全园的主体建筑。排云殿是举行典礼和礼拜神佛之所，是园中最堂皇的殿宇。佛香阁高 38m，八边形平面，建于高大的石台上，成为全园的制高点。沿昆明湖岸的长廊、石舫（图 5.4）把前山的各组建筑联系起来。

万寿山后山和后湖部分，林木葱茏，环境幽邃，溪流曲折而狭长，建筑较少，主要包括一组藏传佛教建筑（万寿山后山须弥灵境）（图 5.5）和具有江南水乡特色的苏州街（图 5.6）。

昆明湖东岸是一道拦水长堤。湖中又筑堤一道，仿杭州西湖苏堤建桥 6 座，此堤将湖面划为东、西两部分，东面湖中设南湖岛，以十七孔桥（图 5.7）与东堤相连，西面湖中又有 2 座小岛，岛上建筑与万寿山隔水相望，形成对景，远借西山和玉泉山群峰（图 5.8），湖光山色，美不胜收。

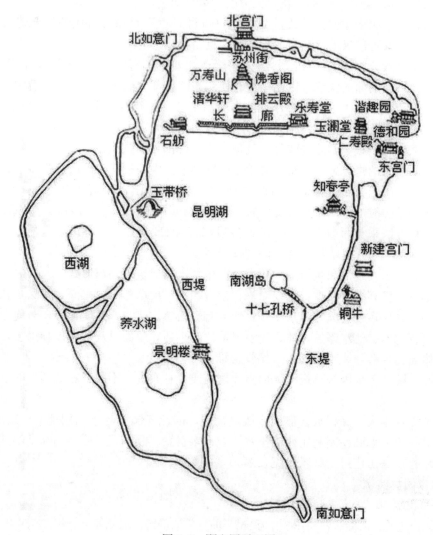

图 5.2　颐和园平面图

(a) 佛香阁

(b) 排云殿

图 5.3　万寿山前山中心地段的排云殿和佛香阁（一）

(c) 万寿山前山佛香阁建筑群

图 5.3　万寿山前山中心地段的排云殿和佛香阁（二）

图 5.4　长廊和石舫

图 5.5　万寿山须弥灵境

图 5.6　苏州街

　　沿后湖东去，尽端有一处小景区"谐趣园"（图 5.9），仿无锡寄畅园手法，以水池为中心，周围环布亭台楼榭，形成深藏一隅的幽静水院，富于江南园林意趣。

图 5.7　十七孔桥

图 5.8　西堤上的玉带桥与颐和园外的玉泉山

图 5.9　谐趣园

　　颐和园利用万寿山一带地形，加以人工改造，造成前山开阔的湖面和后山幽深的曲溪，形成强烈的环境对比。佛香阁的突出位置和有力体量使其成为全园的构图中心。

（2）河北承德避暑山庄

　　清康熙为了避暑，在承德北郊热河泉源头处建造了这座离宫。乾隆时，又扩大面积，增加 36 景。此后直到清咸丰末年，皇帝后妃夏季常来避暑，或秋季在其北面围场行猎，并召见蒙古贵族。

　　承德避暑山庄如图 5.10 所示，园内山岭占 4/5，平坦地区仅占 1/5，其中有许多水面，系热河泉水汇聚而成。与北京紫禁城相比，避暑山庄以朴素淡雅的山村野趣为格调。

(a) 承德山庄牌匾

(b) 承德山庄宫殿区

图 5.10　河北承德避暑山庄（一）

(c) 承德山庄湖泊区

(d) 山区

(e) 外八庙——布达拉行宫景区

(f) 外八庙——普宁寺景区

(g) 避暑山庄永佑寺内的六和塔

(h) 避暑山庄园中园——狮子园

图 5.10　河北承德避暑山庄（二）

避暑山庄分宫殿区、湖泊区、平原区、山峦区四大部分。

宫殿区位于湖泊南岸，地形平坦，是皇帝处理朝政、举行庆典和生活起居的地方，占地 10 万 m²，由正宫、松鹤斋、万壑松风和东宫四组建筑组成。

湖泊区在宫殿区的北面，湖泊（包括洲岛）约占地 43 万 m²，有 8 个小岛屿，将湖面分割成大小不同的区域，层次分明，洲岛错落，碧波荡漾，富有江南鱼米之乡的特色。湖泊东北角有清泉，即著名的热河泉。

平原区在湖区北面的山脚下，地势开阔，有万树园和试马埭，是一片碧草茵茵、林木茂盛、茫茫草原风光。

山峦区在山庄的西北部，面积约占全园的 4/5，这里山峦起伏，沟壑纵横，众多楼堂殿阁、寺庙点缀其间。

整个山庄东南多水，西北多山，是中国自然地貌的缩影。山庄中有杭州六和塔、泰山碧霞池、苏州狮子园、镇江金山寺、蓬莱仙境、蒙古草原，湖光山色之中，盛世盛景尽收眼底。在避暑山庄绵延的宫墙之外，气势雄伟、金碧辉煌的皇家寺庙，随山就势，拱卫山庄，统称外八庙风景，这也是此园成功之处。

5.3 明清江南私家园林

江南地处长江中下游，气候温润，雨量充沛，四季分明，利于各种花木生长；地下水位高，便于挖池蓄水；水运方便，各地奇石易于罗致。这些都是发展园林的有利条件。明清时，私家园林有了很大发展，几乎遍及全国各地，江南则以南京、苏州、扬州、杭州一带为多。目前江南所保存的私家园林以苏州为最多，扬州其次，其他城市已较为稀少。

私家园林面积都不大，小的一亩半亩，中等的十来亩，大的几十亩。要在有限的空间里，人工创造出有山有水、曲折迂回、景物多变的环境，既要满足各项功能要求，又要富于自然意趣，其间确有丰富的经验可吸取与借鉴。

1. 设计原则与手法

（1）布景：把全园划分为若干景区，园中空间与景物的布置宜主次分明，而不宜平均分布；各为一景，互相贯通，成为一整体。

（2）理水：水面以廊、桥分隔，须隔而不断；水面大则多设"水口"，形成湾儿，望之深远；池岸要曲折自然，不宜太高。

（3）造山：可造土山、石山、土石山；土山体积大，不宜于小园；石山小巧；可土石并用，用石控制山形。叠石假山可峰峦回抱，或洞壑幽深；单独置石也可为峰。

（4）建筑：建筑种类丰富，以厅堂为主；建筑色彩轻巧淡雅，无一定制，宜景随需，灵活处置。

（5）花木、禽鸟：以单株为主观赏，以老树为难得，有苍古深郁之感；花木要生态自然、生动。

2. 江南私家园林实例

（1）拙政园

拙政园（图 5.11、图 5.12）位于苏州城内东北。其始建于明正德四年（1509 年），以水景取胜，平淡简远，朴素大方，保持了明代园林疏朗典雅的古朴风格。经过全面改建和扩建，现在全园总面积约 62 亩，包括中部、东部和西部三个部分，东部现有景物多为新建。

中部水面占全园面积的 1/3，有聚有分，有多处楼台亭榭，主厅为远香堂。西部原为补园，池南有三十六鸳鸯馆，池北有扇面亭与谁同坐轩，北山建有八角二层浮翠阁，东北的倒影楼与东南的宜两亭，互为对景。

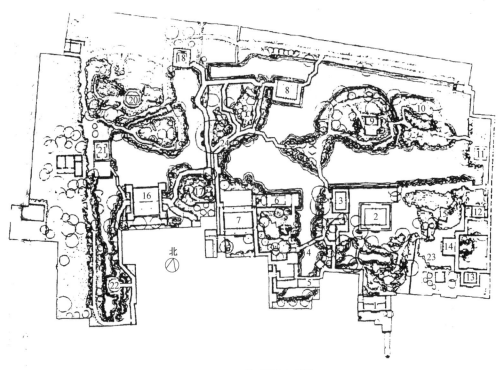

图 5.11　拙政园平面图

1—腰门；2—远香堂；3—南轩；4—小飞虹；5—小沧浪；6—香洲；7—玉兰堂；8—见山楼；9—雪香云蔚亭；
10—待霜亭；11—梧竹幽居；12—海棠春坞；13—听雨轩；14—玲珑馆；15—绣绮亭；16—三十六鸳鸯馆；
17—宜两亭；18—倒影楼；19—与谁同坐轩；20—浮翠阁；21—留听阁；22—塔影亭；23—枇杷园；24—柳荫路曲

(a) 拙政园入口

(b) 远香堂

(c) 与谁同坐轩(扇面亭)

(d) 见山楼

图 5.12　拙政园内部景观（一）

(e) 浮翠阁

(f) 西区波形廊

图 5.12　拙政园内部景观（二）

（2）留园

留园（图 5.13）是中国四大名园（苏州的拙政园、留园，北京的颐和园和河北承德避

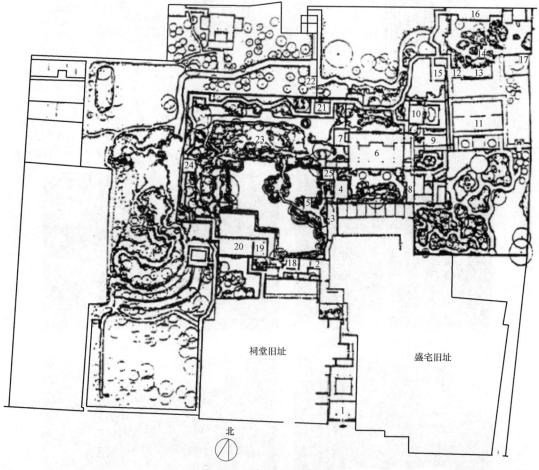

北

图 5.13　江苏苏州留园平面图

1—大门；2—古木交柯；3—曲溪楼；4—西楼；5—濠濮亭；6—五峰仙馆；7—汲古得绠处；8—鹤所；
9—揖峰轩；10—还我读书处；11—林泉耆硕之馆；12—冠云台；13—浣云沼；14—冠云峰；
15—佳晴喜雨快雪之亭；16—冠云楼；17—亿云庵；18—绿荫轩；19—明瑟楼；20—涵碧山房；
21—远翠阁；22—又一村；23—可亭；24—闻木樨香轩；25—清风池馆

暑山庄）里面积最小的一个，也是最精致的一个。留园坐落在江苏苏州的老城区阊门外留园路上，是一个历史悠久的古典园林，最初是明太仆寺少卿徐泰的私家园林，那时的留园叫"东园"，园子不仅可以住，还可以玩。后来，留园逐渐荒废，到了清嘉庆年间园归刘恕所有，予以改造，称为寒碧庄（也称寒碧山庄）。清光绪初，官僚豪富盛康，更加扩大，增添建筑，改名为"留园"。

全园大致可分中、东、西、北四个景区，其间以曲廊相连，迂回连绵，达700余米，通幽度壑，秀色迭出。

中部、东部两者情趣不同，各具特色。中部以山水见长，西、北两面堆筑假山，中央为池，建筑错落于水池东南。池南为主厅涵碧山房（图5.14），有临池平台与明瑟楼、绿荫轩等建筑高低错落；池中以小岛和曲桥划分出一小水面，与东侧濠濮亭、清风池馆组成一个小景区。

图 5.14　涵碧山房

东部以建筑为主，主厅为五峰仙馆（也称楠木厅），其高敞富丽，是苏州园林厅堂的典型。东侧有还我读书处、揖峰轩两处小院，幽僻安静。自此向东，是一组以冠云峰为观赏中心的建筑群，冠云峰（图5.15）在苏州各园湖石峰中尺度最大，有"江南园林峰石之冠"的美誉，旁有瑞云、岫云两峰陪衬，峰北有冠云楼作屏障，登楼可远眺虎丘。

图 5.15　冠云楼前的冠云峰

留园的建筑在苏州园林中，不但数量多，分布也较为密集，其布局合理，空间处理巧妙。每一个建筑物在其景区都有着自己鲜明的个性，从全局来看，没有丝毫零乱之感，给人有一个连续、整体的概念。

留园内亭馆楼榭高低参差，曲廊蜿蜒相续有700m之多，颇有步移景换之妙。建筑物约占园总面积的 1/4。建筑结构式样代表清代风格，在不大的范围内造就了众多而各有特征的建筑，处处显示了咫尺山林、小中见大的造园艺术手法。

问题引入

中国是一个多宗教的国家，有佛教、道教、伊斯兰教等，它们在传入中国时，不但为我们留下了丰富的建筑和艺术遗产（如殿阁、佛塔、经幢、石窟、雕刻、塑像、壁画等），并且给我国古代社会文化和思想的发展，带来了深远的影响。

图 5.16 为洛阳白马寺，为世界著名伽蓝，是佛教传入中国后兴建的第一座官办寺院，乃中国、越南、朝鲜、日本及欧美国家的"释源"（释教发源地）和"祖庭"（祖师之庭）。自 19 世纪末以来，日本捐资重修白马寺钟楼并立空海雕像；泰国、印度、缅甸政府相继出资建造白马寺佛殿，使之成为全世界唯一拥有中、印、缅、泰四国风格佛殿的国际化寺院。洛阳白马寺分为中国本院、齐云塔院、印度佛殿苑、泰国佛殿苑、缅甸佛塔苑。

(a) 白马寺俯瞰图

(b) 白马寺中国本院

(c) 白马寺正门

(d) 白马寺齐云塔院

图 5.16　洛阳白马寺

5.4　宗教建筑概述

码 5-2　宗教建筑概述

1. 佛教建筑概述

佛教大约在东汉初期正式传入中国。最早见于我国史籍的佛教建筑，是始建于东汉永平十一年（68 年）的洛阳白马寺。据

《魏书》中的描述，当时寺院布局仿照印度及西域的式样，即以佛塔为中心的方形庭院平面。白马寺现存的遗址古迹（图 5.16）为元、明、清时所留。寺内保存了大量元代夹纻干漆造像，如三世佛、二天将、十八罗汉等，弥足珍贵。

三国东吴时，康居国僧人康僧会于 247 年来建业传法，建造了建初寺和阿育王塔（位于南京市秦淮区），是继洛阳白马寺之后的中国第二座佛教寺庙，为江南佛寺之开端。

佛教在两晋、南北朝时期得到很大的发展，当时建造了众多寺院、石窟寺和佛塔。北魏洛阳永宁寺是由皇室兴建的名寺之一。

隋、唐、五代至宋，是中国佛教大发展时期。虽然其间曾出现过唐武宗会昌五年（845 年）与五代后周世宗显德二年（955 年）的两次灭法，但时间都很短暂，很快就得到了恢复。旧有的佛教寺院、殿、塔受到很大破坏，造成了难以弥补的损失。

元代统治者提倡藏传佛教（俗称喇嘛教），它原来盛行于西藏、甘肃、青海及内蒙古等地，除了喇嘛塔和为数不多的局部装饰以外，其对中土的佛教建筑影响不大。南传小乘佛教分布范围较小，仅限于我国云南的西双版纳等地。

明、清佛寺更加规整化，大多数依中轴线对称布置建筑，如山门、钟鼓楼、天王殿、大雄宝殿、配殿、藏经楼等，但塔已很少。

2. 道教建筑概述

中国的道家思想，一般认为始于老子（李耳）的《道德经》，直至东汉时才正式成为宗教。道教在我国宗教中居第二位。道家所倡导的阴阳五行、冶炼丹药和东海三神山等思想，对我国古代社会及文化曾起到相当大的影响。但就道教建筑而言，却未形成独立的系统与风格。

道教建筑一般称宫、观、院，其布局和形式，大体仍遵循我国传统的宫殿、祠庙体制。即建筑以殿堂、楼阁为主，依中轴线作对称式布置。与佛寺相比较，道教建筑规模一般偏小，且不建塔、经幢。目前保存较完整的早期道观，以建于元代中期的山西芮城县永乐宫（图 5.17 为永乐宫的三清殿）为代表。道教的圣地，最著名的有江西龙虎山、江苏茅山、湖北武当山和山东崂山。

3. 伊斯兰教建筑概述

创建于 7 世纪初的伊斯兰教，约在唐代已自西亚传入中国。由于伊斯兰教的教义与仪典的要求，礼拜寺（或称清真寺）的布置与我国历史较悠久的佛寺、道观有所区别。如礼拜寺常建有召唤信徒礼拜的邦克楼或光塔（夜间燃灯火），以及供膜拜者净身的浴室；殿内均不置偶像，仅设朝向圣地麦加供参拜的神龛；建筑常用砖或石料砌成拱券或穹窿；一切装饰纹样唯用可兰经文或植物、几何形图案等。

早期的礼拜寺，如建于唐代的广州怀圣寺、元代重建的泉州清真寺，在建筑上仍保持了较多的外来影响：高耸的光塔、洋葱头形的尖拱门和半球形穹隆结构的礼拜殿等。建造较晚的寺院，如西安化觉巷的清真寺、北京牛街的清真寺等，除了神龛和装饰题材以外，所有建筑的结构与外观都已完全采用中国传统的木架构形式。但在某些少数民族聚居的地区，如新疆维吾尔自治区的伊斯兰教礼拜寺，基本上还保持着本地区和本民族的固有特点。图 5.18 为新疆喀什阿巴伙加玛札（墓祠，这一片区域里，葬有 5 代 72 人，其中最著名的当属"香妃"，故此地也称"香妃墓"）。

图 5.17 永乐宫的三清殿

（整个殿宇建在高筑的台基之上，巍峨壮观，

冠于全宫之首，是永乐宫最主要的殿宇）

图 5.18 新疆喀什阿巴伙加玛札

5.5 佛寺、道观及清真寺

　　根据已知的历史文献、考古发掘和实物资料，大体可将流行于我国的佛寺划分为以佛塔为主和以佛殿为主两大类型。以佛塔为主的佛寺在我国出现最早，是随着西域僧人来华所引进的"天竺"制式。这类寺院系以一座高大居中的佛塔为主体，其周围环绕方形广庭和回廊门殿，例如建于东汉洛阳的我国首座佛寺白马寺、北魏洛阳的永宁寺等。以佛殿为主的佛寺，基本采用了我国传统宅邸的多进庭院式布局。它的出现，最早可能源于南北朝时期王公贵胄的"舍宅为寺"。为了利用原有房屋，多采取"以前厅为大殿，以后堂为佛堂"的形式。这种形式成为自隋唐以后国内最通行的佛寺制度。

　　1. 佛寺

　　（1）山西五台山佛光寺

　　山西五台山佛光寺（图 5.19）位于山西省五台山西麓。总平面沿东西轴线自下而上顺应山势进行布局，形成依次升高的三重院落。第三层院落最高，坐东朝西的佛光寺大殿，是全寺的主殿，可俯视全寺（图 5.20）。

　　寺内现存主要建筑有晚唐的大殿、金代的文殊殿、唐代的墓塔及两座石经幢。

　　佛光寺大殿（图 5.21、图 5.22）建于唐大中十一年（857 年），面阔七间（34m），进深八架椽（17.66m），单檐四阿顶（清称庑殿顶），用鸱尾，大殿建在低矮的砖台基上，平面柱网由内、外两圈柱组成，这种形式在宋代的《营造法式》中称为"殿堂"结构中的"金厢斗底槽"。内、外柱高相等，但柱径略有差别。柱身都是圆形直柱，仅上端略有卷杀。

　　佛光寺大殿屋面坡度平缓，正脊及檐口都有曲线。斗拱高度约为柱高的 1/2。粗壮的柱身、宏大的斗栱、深远的出檐，体现了唐代建筑雄健恢宏的特征（图 5.23、图 5.24）。

　　佛光寺大殿是我国现存最大的唐代木建筑，运用了标准化模数设计，已列为全国重点文物保护单位。

图 5.19　山西五台山佛光寺建筑全景

（佛光寺大殿为上方两棵古松遮挡的建筑）

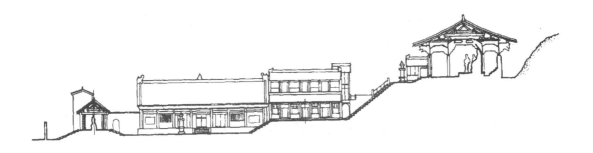

图 5.20　山西五台山佛光寺剖面图

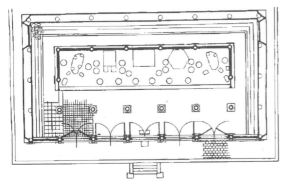

图 5.21　山西五台山佛光寺大殿平面图

图 5.22　山西五台山佛光寺大殿外观

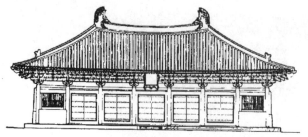

图 5.23　山西五台山佛光寺大殿立面图

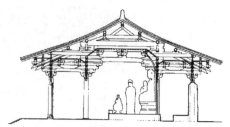

图 5.24　山西五台山佛光寺大殿剖面图

（2）西藏布达拉宫

西藏布达拉宫（图 5.25）建在拉萨市西约 2.5km 的布达拉（普陀）山上，是我国最大的一组藏传佛教寺院建筑群，可容僧众 2 万余人。相传始建于公元 8 世纪松赞干布时期，清顺治二年（1645 年）重建，主要工程历时约 50 年，以后陆续又有增建，前后达 300 年之久。

(a) 白宫

(b) 红宫

(c) 布达拉宫全景

图 5.25　西藏布达拉宫

它由宫前区的方城、山顶的宫室区及后山的湖区组成。方城有三面高大的城墙围合，有门和角楼，城内有行政、司法、监狱及僧俗官员住宅等。宫室区有寝宫、行政管理用房、库房、佛殿、大聚会殿、灵塔殿、僧舍等。后山湖区是包括湖泊、小岛、水阁、凉亭等的园林区。

宫室在山顶最高处，以红宫为主体，红宫与白宫相联构成庞大的建筑群。红宫高 9 层，由主楼、楼前庭院及围廊组成，红宫建金殿 3 座和金塔 5 尊，成为构图中心。白宫也由主楼、楼前庭院及围廊等组成，是处理政教事务及起居生活的宫室。整个建筑群从体量、位置、颜色等方面强调了红宫的重要性，达到重点突出、主次分明的艺术效果。

布达拉宫依山就势，与自然高度融合，整个建筑群显得雄伟、粗犷、神圣。

2. 道观

（1）山西芮城五龙庙

山西芮城五龙庙（图 5.26）为现存的唐代道教建筑，面阔 5 间，进深 4 椽，单檐歇山顶。

该庙不大，木结构看似简单，但这是中国现存的 4 座唐代木构建筑之一（另外 3 座是佛光寺、南禅寺大殿、天台庵正殿）。

(a) 外观   (b) 屋檐斗拱

图 5.26 山西芮城五龙庙

（2）山西芮城永乐宫

现今整体布局保存较好的道教建筑以山西芮城永乐宫为代表，其主要部分建于元中统三年（1262 年）。永乐宫原在山西永济永乐镇，因修水库，整体迁至芮城。

永乐宫的主要建筑沿纵向中轴线排列，有宫门、龙虎殿（无极门）、三清殿、纯阳殿、重阳殿和邱祖殿（已毁），是一组保存得较完整的元代道教建筑（图 5.27）。

三清殿是宫中主殿（图 5.28），面阔 7 间（34m），进深 4 间（21m），单檐四阿顶。平面中减柱甚多，仅余中央 3 间的中柱和后内柱。檐柱有生起及侧脚，檐口及正脊都呈曲线。

3. 清真寺

新疆喀什阿巴伙加玛札（图 5.29）始建于 17 世纪中叶，包括大门、墓祠（主墓）、礼拜寺、教经堂、墓地、浴室、水池、庭院和阿訇住所等，占地达 16000 余亩。

墓祠始建于 17 世纪中叶。它位于整个建筑群中部，为其中最主要的建筑。通面阔 7 间，进深 5 间，四隅均建有平面为圆形的高塔，内置楼梯可登至顶层。中央主体部分高 24m，其大穹隆圆顶直径达 16m，是新疆现存最大穹隆。其下四周皆承以厚墙。外墙各间上部均作尖拱形，并构有各式花窗。墙面则包砌绿色琉璃砖。纵观其建筑造型及色彩，极具浓厚伊斯兰建筑风貌。内墙面全部刷白，既增加了室内亮度，又形成了明净与严肃气氛。

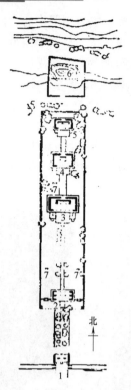

图 5.27　山西芮城永乐宫总平面图

1—宫门；2—龙虎殿（无极门）；3—三清殿；

4—纯阳殿；5—重阳殿；6—邱祖殿；7—碑

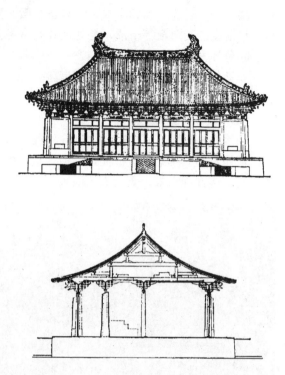

图 5.28　永乐宫三清殿立面图、剖面图

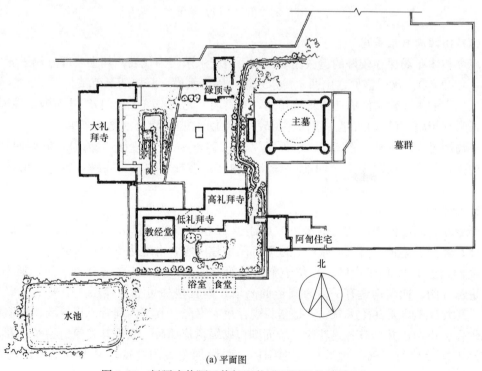

(a) 平面图

图 5.29　新疆喀什阿巴伙加玛札平面图及鸟瞰图（一）

(b) 鸟瞰图

图 5.29　新疆喀什阿巴伙加玛札平面图及鸟瞰图（二）

5.6 佛塔、经幢、石窟及摩崖造像

1. 佛塔

佛塔原是膜拜的对象，后来根据用途的不同而又有经塔、墓塔等的区别。我国的佛塔，在类型上大致可分为楼阁式塔、密檐塔、单层塔、喇嘛塔和金刚宝座塔等。

（1）楼阁式塔

这种塔是仿我国传统的多层木构架建筑，它出现较早，历代沿用之数量最多，是我国佛塔中的主流。南北朝至唐、宋，是我国楼阁式塔的盛期，分布几乎遍于全国，尤以黄河流域和南方为多。此外，还影响到朝鲜、日本和越南的佛塔。材料也由全部用木材，逐渐过渡到砖木混合和全部用砖石，完全用木材的楼阁式塔在宋代以后已经绝迹。

1）陕西西安大雁塔

大雁塔又名大慈恩寺塔（图 5.30），唐高宗永徽三年（652 年）玄奘法师为供奉从印度带回的佛像、舍利和梵文经典而修建此塔，后改建为 7 层，每层四面均有券门。其由塔基、塔身、塔刹三部分组成。通高 64.5m，塔体为方锥体，由青砖砌成，造型简洁，气势雄伟。

2）山西应县佛宫寺释迦塔

山西应县佛宫寺释迦塔（图 5.31）建于辽代，俗称应县木塔，为世界现存最古老最高大的木塔。塔身平面为八角形，底部直径 30.27m。塔建在方形

图 5.30　陕西西安大雁塔

(a) 外观图　　　　　　　　　(b) 剖面图

图 5.31　山西应县佛宫寺释迦塔

和八角形的 2 层砖台基上，高 67.31m。塔外观 5 层，内部 9 层（有 4 层暗层）。外部轮廓逐层向内收进。各层均设平坐及走廊。全塔共有斗拱 60 余种。

应县木塔的各平坐暗层内，在柱梁之间使用斜撑构件，增强了刚性，故抗震能力强。这种结构手法和独乐寺观音阁类似。

（2）密檐塔

密檐塔底层较高，上施密檐 5～15 层（一般 7～13 层，用单数），大多不供登临眺览，意义与楼阁式塔不同。有的虽可登临，但因檐密窗小，又不能外出，故观览效果远不如楼阁式塔。建塔材料一般采用砖、石。

1）河南登封嵩岳寺塔（图 5.32）

该塔建于北魏正光四年（523 年），为最早的密檐砖塔。该塔为平面十二边形，是古塔中的孤例，塔心室为八角直井式。塔建在低矮台基上，有 15 层叠涩密檐，塔身收分成缓和曲线，显得稳重而秀丽，塔高 40m，装饰上有外来风格。

2）陕西西安小雁塔（图 5.33）

陕西西安小雁塔又名荐福寺塔，建于唐睿宗景云二年（711 年）。该塔平面为方形，底层宽 10 米余。该塔原为 15 层，现存 13 层密檐，残高 43m，底层前后正中开券门，内部中空，以木楼板分层，靠内壁有砖砌蹬道以供上下。

（3）单层塔

单层塔是一种平面多为正方形，但也有六角、八角或圆形的，规模较小的墓塔。如隋代的山东历城神通寺四门塔、河南安阳宝山寺双石塔、河南登封会善寺净藏禅师墓塔等。

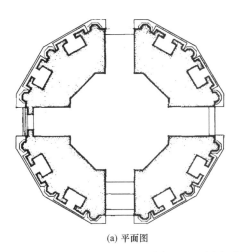

(a) 平面图   (b) 外观图

图 5.32   河南登封嵩岳寺塔

    河南安阳宝山寺双石塔，又称北齐双石塔，位于河南省安阳市灵泉寺西侧台地上，是两座东西并立的小石塔，它们是我国古塔中最早的双塔，而其中的西塔建于 563 年，为我国现存最早的独立石塔，堪称我国石塔之祖。寺内西塔（图 5.34）为道凭法师墓塔，平面为方形，塔心室为方形。塔身宽 0.53m、高 0.45m，塔全高 2.22m。南壁有火焰券门，门侧有方倚柱，其余三面塔壁无装饰。塔上部为两层山花蕉叶和覆钵。寺内东塔与西塔形制基本一样，只是尺寸稍小。

图 5.33   陕西西安小雁塔   图 5.34   河南安阳宝山寺双石塔之西塔

（4）喇嘛塔

    喇嘛塔主要分布在西藏、内蒙古一带，多作为寺的主塔或僧人墓，也有以塔门（或称过街塔）形式出现的。内地喇嘛塔始见于元代，明代起塔身变高瘦，清代又添"焰光门"。

北京妙应寺白塔（图 5.35）因通体白色，故俗称"白塔"，位于北京西城区阜成门内，始建于元至元八年（1271 年），工匠为尼泊尔人阿尼哥。妙应寺白塔由塔基、塔身和塔刹 3 部分组成，为砖石结构。塔下有三层台基，台基上覆莲托位平面圆形塔身，再往上为塔脖、十三天、青铜宝盖和宝顶。白塔高 50.9m，状如覆钵，其制如盖，通体雪白。其如同一个巨大的宝葫芦矗立在密集的北京民居之间。白塔比例匀称，造型古朴，气势雄壮，是喇嘛塔中的杰作。

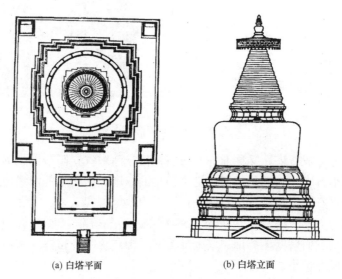

(a) 白塔平面   (b) 白塔立面

图 5.35　北京妙应寺白塔

（5）金刚宝座塔

金刚宝座塔外观一般特征为高台上建 5 座塔，1 座高且居中，4 座低且位于四角处。

北京碧云寺金刚宝座塔（图 5.36）位于北京香山碧云寺后部，建于乾隆十三年（1748

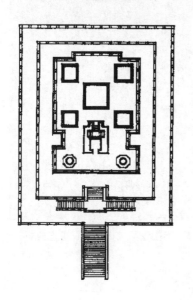

图 5.36　北京碧云寺金刚宝座塔平面和外观图

年）。塔为石砌，主要由下部两层台基、中部土字形台基和上部 5 座密檐方塔组成，总高 34.7m。北京碧云寺金刚宝座塔，中塔高 13 层，四角小塔高 11 层。台面前部两侧各立一座小喇嘛塔。基台通体满布喇嘛教题材雕饰。

2. 经幢

经幢源于古代的旌幡，是在八角形石柱上镌刻经文（陀罗尼经），用以宣扬佛法的纪念性建筑。经幢始见于唐，至宋、辽时颇为发展，元以后少见。一般由基座、幢身、幢顶 3 部分组成。主体是幢身，多呈六角或八角形。

经幢一般安置在通衢大道、寺院及陵墓等处。河北赵县陀罗尼经幢（图 5.37）造型华丽美观，刻工极为精细，是建筑造型和石雕艺术完美结合的杰作。

3. 石窟

石窟是佛寺的一种特殊形式。石窟通常选择临河的山崖、台地或河谷等相对幽静的自然环境，凿窟造像，成为僧人聚居修行的场所。

图 5.37　河北赵县陀罗尼经幢

石窟原是印度的一种佛教建筑形式，约在南北朝时期传入我国。中国佛教石窟在浮雕、塑像、壁画方面留存了丰富的资料，在历史上和艺术上都是很宝贵的。

图 5.38　甘肃敦煌莫高窟外观

（1）甘肃敦煌莫高窟（图 5.38）

甘肃敦煌莫高窟位于敦煌市东南 30km 的鸣沙山东麓，是我国石窟数量最多的石窟群。现存自北朝至元代的大小洞窟 492 个，雕刻壁画和塑像的有 469 个，大体分为北朝、隋唐、五代与宋、西夏与元 4 个时期。早期有禅窟、中心塔柱窟和殿堂窟等，以中心塔柱窟居多。

甘肃敦煌莫高窟壁画题材，北魏时期多为佛教故事，画中形象多受外来风格影响，用笔粗犷，色彩以褐、绿、青、白、黑为多。隋唐时期多以寺院、住宅、城郭等作背景，对于建筑的细部诸如柱、枋、门窗、铺地等描绘详细，色彩以红、黄为多（图 5.39、图 5.40）。

（2）山西大同云冈石窟

山西云冈石窟位于山西大同武周川北岸，始凿于北魏兴安二年（453 年），于河岸陡壁上凿窟，东西长达 1km，现有洞窟 53 个，前后分 3 期，早期为大佛窟，如昙曜五窟，即 16～20 窟，如图 5.41 所示，其平面呈椭圆形，顶部呈穹窿状，主佛形体高大，占据窟内主要位置，布局较局促，洞顶及洞壁没有建筑处理。

图 5.39　甘肃敦煌莫高窟第 254 窟（北魏）

图 5.40　甘肃敦煌莫高窟第 285 窟（西魏）

图 5.41　山西大同云冈石窟第 20 窟

中后期出现的佛殿窟和塔院窟（图 5.42）多采用方形平面，规模大的分前后二室，或在室中央设巨大的塔心柱，柱上雕刻佛像或刻成塔的形式，窟顶使用覆斗形或方形平綦天花，壁上雕刻了大量木构佛殿、佛塔等建筑形象及佛教故事。晚期窟室规模虽小，但已完全表现为中国传统木建筑风格。

(a) 佛殿窟

(b) 塔院窟

图 5.42　山西大同云冈石窟的佛殿窟和塔院窟

（3）河南洛阳龙门石窟

河南洛阳龙门石窟位于河南洛阳伊水两岸的龙门山上，始凿于北魏太和十八年（494年）。现存大小洞窟有 1352 处，大小造像约 10 万尊。诸窟均未见塔心柱形式，平面多为单室方形，其中以唐代石窟居多。龙门石窟都未用塔心柱和洞口的柱廊，洞的平面多为独间方形，未见有前、后室或椭圆形平面。窟内均置较大佛像（图 5.43）。

图 5.43　河南洛阳龙门石窟典型窟室

4. 摩崖造像

摩崖造像是大多以石刻为主要内容的佛教造像，少数为道教造像。其特点是造像或置于露天（有的上覆木架构建筑）或位于浅龛中，多数情况下均以群组形式出现，有时也与石窟并存。其单体尺度大可达70m，小至数 10cm。其表现手法多为圆雕，或高浮雕，浅浮刻甚少（多作为背景供衬托用）。

江苏连云港孔望山摩崖造像（图5.44）位于孔望山南麓西端之崖壁上。在高约 9.7m，东西迤延约 17m 范围内，共发现石刻 110 处，大体可划为 18 组。内容有佛像本生故事、力士、莲花、佛弟

图 5.44　江苏连云港孔望山摩崖造像

子、供养人等，多为浮刻，其中最大者为释迦涅槃像。圆雕刻有大象、蟾蜍，形体巨大。据考证其始刻时期应在东汉，是我国现存最早的佛教史迹及佛教造像，但其中也有若干道教内容。

思考题

一、选择题

1.（多选题）园林的分类包括（　　）。

A. 皇家园林

B. 私家园林

C. 植物园林

D. 寺庙园林

E. 动物园林

2.（多选题）以下属于私家园林的实例有（　　）。

A. 拙政园　　　B. 颐和园　　　C. 北海公园　　　D. 圆明园　　　E. 留园

3.（多选题）以下属于皇家园林的实例有（　　）。

A. 拙政园　　　B. 颐和园　　　C. 承德避暑山庄　D. 圆明园　　　E. 留园

4.（多选题）以下属于寺庙园林的实例有（　　）。

A. 拙政园　　　B. 颐和园　　　C. 寒山寺　　　　D. 圆明园　　　E. 武侯祠

5.（单选题）具有起居、骑射、观奇、宴游、祭祀以及召见大臣、举行朝会等多种功能的综合体的是（　　）。

A. 皇家园林　　　　B. 私家园林　　　　C. 寺庙园林　　　　D. 植物园林

6.（单选题）目前保存的私家园林以（　　）最多。

A. 杭州　　　　　B. 苏州　　　　　C. 扬州　　　　　D. 北京

7.（多选题）我国佛塔大致可分为（　　）。

A. 楼阁式塔

B. 密檐塔

C. 单层塔

D. 喇嘛塔

E. 金刚宝座塔

8.（单选题）以下不属于佛寺的是（　　）。

A. 山西五台山佛光寺　　　　　　　B. 河北正定隆兴寺

C. 甘肃敦煌莫高窟　　　　　　　　D. 西藏拉萨布达拉宫

9.（单选题）（　　）是我国现存最大的唐代木构建筑。

A. 佛光寺大殿　　　B. 敦煌石窟　　　C. 布达拉宫的宫室　D. 嵩岳寺塔

10.（单选题）我国现存唯一木塔是（　　）。

A. 河南登封嵩岳寺塔

B. 山西应县佛宫寺释迦塔

C. 河南安阳宝山寺双石塔

D. 西安存福寺塔

11.（多选题）清真寺的特点包括（　　）。

A. 高耸的光塔

B. 洋葱头形的尖拱门

C. 半球形穹隆结构的礼拜殿

D. 有供膜拜者净身的浴室

E. 殿内均不置偶像，仅设朝向圣地麦加供参拜的神龛

12.（多选题）西藏布达拉宫的建筑特征包括（　　）。

A. 由宫前区的方城、山顶的宫室区及后山的湖区组成

B. 宫室在山顶最高处，以红宫为主体，红宫与白宫相联构成庞大的建筑群

C. 红宫高9层，由主楼、楼前庭院及围廊组成，建金殿3座和金塔5尊

D. 白宫由主楼、楼前庭院及围廊等组成，是处理政教事务及起居生活的宫室

E. 布达拉宫依山就势，与自然高度融合

13.（单选题）石窟数量最多的是（　　　）。

A. 甘肃敦煌莫高窟

B. 山西大同云冈石窟

C. 河南洛阳龙门石窟

D. 佛殿窟和塔院窟

二、判断题（对的打√，错的打×）

1. 魏晋南北朝时期是我国自然式山水园林的奠基时期；明清时期掀起了我国园林艺术发展的高潮。（　　）

2. 谢灵运的始宁别业、白居易的庐山草堂属于寺庙园林。（　　）

3. 拙政园园中水面较小，但在模仿江南名胜风景方面有其独到之处。（　　）

4. 唐宋时期园林艺术进一步发展，园林的类别更加丰富多彩，增加了供市民游玩的公共园林，园林设计从模仿自然走向写意山水。（　　）

5. 大体可将流行于我国的佛寺划分为以佛塔为主和以佛殿为主两大类型。（　　）

6. 摩崖造像是大多以石刻为主要内容的佛教造像，表现手法多为圆雕，或高浮雕，浅浮刻甚少。（　　）

7. 石窟是在八角形石柱上镌刻经文（陀罗尼经），用以宣扬佛法的纪念性建筑。

（　　）

三、问答题

1. 比较皇家园林与私家园林在设计原则和设计手法上的差别。

2. 在网上搜索苏州园林的相关图片，和同学说一说其美感。

3. 简述佛教建筑的发展概况。

4. 简述敦煌莫高窟的艺术特征。

5. 简述佛塔的主要类型和特点。

绘图实践题

请用 A4 绘图纸完成绘图实践。

1. 小组配合设计出一幅"我理想中的园林"。

2. 抄绘图 5.23、图 5.24 的山西五台山佛光寺大殿立面图和剖面图。

3. 抄绘图 5.31 山西应县佛宫寺释迦塔剖面图或者图 5.35 北京妙应寺白塔立面。

码 5-3　第 5 讲思考题参考答案

第**6**讲

中国近、现代建筑

Chapter **06**

学习目标

知识目标：

1. 了解中国近代建筑发展概况；了解中国近代建筑的历史地位、发展历程；

2. 了解中国近代建筑教育；理解中国近代建筑教育思想；

3. 了解中国近代建筑设计思潮；理解中国近代主要建筑设计思潮及代表作品；

4. 了解现代中国建筑的发展概况；理解中国现代主要建筑设计思潮及代表作品。

能力目标：

1. 能简单描述近代建筑的发展概况；

2. 能简单描述近代建筑教育的发展概况；

3. 能举例说出几种中国近代建筑代表作品；

4. 能举例说出几种中国现代建筑代表作品。

思维导图

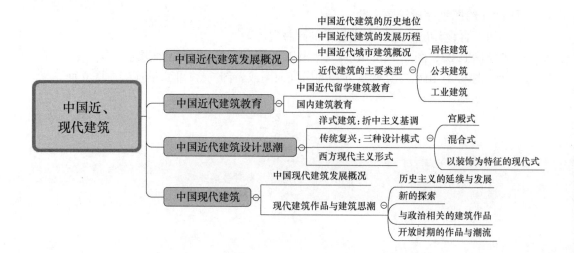

问题引入

了解"中国营造学社"与中国古建筑的故事和求真精神。

如图 6.1 所示为中国营造学社的一些历史照片。"中国营造学社"是朱启钤先生 1930 年在北京创办的，是我国第一个组织研究和保护建筑文化遗产的民间学术团体。营造学社成立之初以史料搜集和古籍整理等工作为主。

随着梁思成、刘敦桢两位学者加入，营造学社开始形成明确的学术宗旨和学术路线：由清代建筑向上追溯历史发展脉络，完成中国古代建筑发展史的史学构建和中国古代木构

(a) 营造学社初创时的
朱启钤先生(1930年)

(b) 梁思成和莫宗江
在李庄营造学社工作室内

(c) 1937年，林徽因在山西
五台山佛光寺测绘唐代经幢

(d) 1939年，梁思成与刘敦桢
在测绘四川雅安高颐阙

图 6.1　中国营造学社的一些历史照片（一）

(e) 营造学社成员在天坛祈年殿

(f)《图像中国建筑史》中的山西应县木塔，
左边是梁思成和莫宗江手绘的立面图，右边是木塔的照片

图 6.1　中国营造学社的一些历史照片（二）

建筑体系的系统阐述。这在当时还是一片亟待填补的空白。

1931 年起，营造学社设法式部和文献部，前者侧重实物调查，后者侧重文献研究。他们还采用英文标注和西式制图的方式绘图，向西方学界宣传中国古建文化。

1932—1937 年间，营造学社调查了华北地区 100 多个县的近 2000 多座古建筑，积累了珍贵、丰富的一手资料，为中国建筑史学构建打下了坚实基础。

6.1　中国近代建筑发展概况

码 6-1　中国
近代建筑

1. 中国近代建筑的历史地位

从 1840 年鸦片战争开始，中国进入半殖民地半封建社会，中国建筑转入近代时期，开始了近代化的进程。

鸦片战争后，清政府被迫签订一系列不平等条约，设立了租界，开辟了港湾租借地、铁路附属地和通商口岸，如上海、天津、汉口等租界城市，青岛、大连等租借地城市，哈尔滨、沈阳等铁路附属地城市，以及其他一批沿海、沿长江、沿铁路干线的通商口岸城市，引发了城市转型、建筑转型。

近代中国城市和建筑明显地呈现出新旧两大建筑体系并存的局面。

新建筑体系是与近代化、城市化相联系的建筑体系，是向工业文明转型的建筑体系。它的形成有两个途径：一是从现代化国家输入和引进的；二是从中国原有建筑改造、转型的。新建筑体系是中国近代建筑发展的新事物，是近代建筑活动的主流，是中国近代建筑史研究的主要内容。

旧建筑体系是原有的传统建筑体系的延续，仍与农业文明相联系。中国近代传统建筑数量大，分布面广，局部运用了近代的材料、装饰，但仍是传统的技术体系和空间格局，保持着因地制宜、因材致用的传统风格和乡土特色。虽然不是近代中国建筑活动的主流，但其历史文化价值不容忽视，是中国古老建筑体系延续到近代的活化石，应加以妥善保护。

总的说来，了解近代中国建筑的历史地位，对于总结近代建筑的发展规律，继承近代建筑遗产，为当前我国建筑的现代化提供借鉴，具有重要的意义。

2. 中国近代建筑的发展历程

近代中国建筑（1840—1949 年）大致经历了 4 个发展阶段。

（1）1840 年至 19 世纪末是中国近代建筑活动的早期阶段

从鸦片战争到 19 世纪末，随着外国资本主义的渗入以及中国资本主义的发展，中国社会各方面发生了变化。随着封建王朝的崩溃，木构架建筑体系在工官系统下画上了句号，但民间建筑仍在延续。

这时期主要的新建筑活动是一些租界和外国人居留地中的外国领事馆、银行、商店、工厂、仓库、教堂、饭店、俱乐部、住宅以及散布于城乡各地的教会建筑（图 6.2）。这些西方建筑和中国工业主动引入的西式厂房构成了近代中国建筑转型的初始面貌。

虽然新建筑无论在类型上、数量上、规模上都十分有限，但标志着中国建筑迈开了转型的初始步伐，通过西方近代建筑的被动输入和主动引进，近代中国新建筑体系逐渐形成。

（2）19 世纪末至 20 世纪 20 年代，中国近代建筑的类型大大丰富，近代中国的新建筑

图 6.2 张謇在南通建造的"濠南别业"

体系形成

中日甲午战争后，出于民族资本主义发展和政治变革的需要，我国开始主动引进西方近代建筑，显著推进了各类建筑的转型速度。20 世纪 20 年代初，早期赴美日学习建筑的留学生相继回国，并开设建筑事务所，中国建筑师队伍由此诞生。1923 年江苏公立苏州工业专门学校设立建筑科，开创了中国的建筑学教育。

到 20 世纪 20 年代，中国近代建筑的类型大大丰富，居住建筑、公共建筑、工业建筑等主要类型已大体齐备，水泥、玻璃、机制砖瓦等新建筑材料的生产能力，以及钢筋混凝土结构等工程结构技术、施工技术有了很大提高，近代中国的新建筑体系已经形成。

（3）20 世纪 20 年代至 30 年代末，近代建筑体系的发展进入繁盛期

1927 年，南京国民政府成立，结束了军阀混战，经济相对稳定，房地产投资增加，建筑活动活跃。随着留学生回国人数的增加，中国建筑师队伍明显壮大，他们在"首都计划"等官方建筑活动中积极实践，努力探索"中国固有形式"建筑的设计。西方装饰艺术风格与现代主义建筑逐渐传入中国，中国建筑师也创作了一批装饰艺术风格的建筑，并尝试融入中国式图案装饰。20 世纪 30 年代，我国还出现了一些中国建筑师参与的现代派建筑。1927—1928 年，中央大学、东北大学、北平大学艺术学院等开办了建筑系。1927 年中国建筑师学会成立，1930 年中国营造学社成立，并相继出版了相关学术期刊。由此可见，1927 年到 1937 年的 10 年间，我国建筑设计创作活跃，并紧随世界建筑潮流的发展，建筑教育、建筑学术活动也十分活跃，形成了近代建筑活动的繁盛期。

（4）20 世纪 30 年代末至 40 年代末，由于持续的战争状态，中国近代化进程趋于停滞，建筑活动很少

从 1937 年到 1949 年，近代建筑活动开始扩展到内地的偏僻县镇，但建筑规模不大，除少数建筑外，多是临时性工程。20 世纪 40 年代后半期，通过西方建筑书刊的传播和少数新回国建筑师的影响，中国建筑界加深了对现代主义的认识。但是由于战争，近代建筑并没有发展的机会。总的来说，这是近代中国建筑活动的一段停滞期。

3. 中国近代城市建筑概况

19世纪20年代，中国迈出了近代城市化和城市近代化的步伐。城市数量、分布、规模、功能、结构和性质都发生明显的变化，古老的中国城市体系开始了现代转型的进程。中国近代城市转型，既发轫于西方资本主义，也受到本国资本主义发展驱动；既有被动开放的外力刺激，也有社会变革的内力推进，是诸多因素的合力作用。

通商开埠、工矿业发展、铁路交通建设等方面是促成中国近代城市转型的主要因素，由此形成了主体开埠城市、局部开埠城市、交通枢纽城市、工矿专业城市4类近代城市。

主体开埠城市指的是以开埠区为主体的城市，这是近代中国城市中开放性最强、近代化程度最显著的城市类型。它分为两大类型：一种是多国租界型，如上海、天津、汉口等；另一种是租借地、附属地型，如青岛、大连、哈尔滨等。

局部开埠城市是指划出特定地段，开辟面积不是很大的租界居留区、通商场，形成局部开放的城市，如济南、沈阳、重庆、芜湖、九江、苏州、杭州、广州、福州、厦门、宁波、长沙等。

交通枢纽城市是指因铁路建设而形成的铁路枢纽城市或水陆交通枢纽城市，如郑州、蚌埠、石家庄、徐州、宝鸡等。

工矿专业城市分为工业城市和矿业城市两种，工业城市多为复合型城市，如南通、无锡等民族资本集中投资的工业城市；矿业城市是因煤、铁、金、银、铜、铅等矿的开采而兴起的城市，如焦作、唐山、抚顺等。

4. 近代建筑的主要类型

中国近代建筑主要有居住建筑、公共建筑、工业建筑三类。

（1）居住建筑

居住建筑除继续延续传统的住宅外，出现了两种新住宅类型：一是从西方国家引入的，早期独院式的花园住宅，如近代实业家张謇在南通建造的"濠南别业"（图6.2），20世纪20年代后，舒适型的花园洋房建造数量增多；20世纪30年代，盛行多层、高层公寓住宅，多位于交通方便的地段，如上海百老汇大厦（图6.3）、上海毕卡地大厦等；二是由本土演进的住宅，最为人熟知的是以上海石库门住宅为代表的里弄住宅，还有分布在青岛、沈阳、长春、哈尔滨等地的居住大院，广州一带一种单开间、大进深的联排式住宅"竹筒屋"，东南沿海城市下店上宅的骑楼，广东侨乡的庐式侨居和雕楼侨居等。

（2）公共建筑

在20世纪前，除上海、天津、广州等租界城市有少量新建筑活动外，近代公共建筑基本上仍停留于传统类型的状况。进入20世

图6.3　上海百老汇大厦

纪后，在大中城市中较快出现了商业、金融、行政、会堂、交通、文化、教育、医疗、服务行业、娱乐业等公共建筑新类型。

　　早期公共建筑主要是外国使领馆、工部局、提督公署和清政府的"新政"活动机构、咨议机构及商会大厦等，其布局和造型大多脱胎于欧洲古典式、折中式宫殿、府邸的通用形式。20 世纪 20 年代以后，国民党在南京、上海、广州等地建造了一批办公楼和大会堂，如南京国民大会堂、广州中山纪念堂等，基本上都由中国建筑师设计，外观大多采用了"中国固有形式"。国民党也明文规定此类建筑采用"中国固有形式"，如南京中山陵（图 6.4）、南京中央博物院、北京协和医院等。商业娱乐服务业建筑在中国近代公共建筑中数量最多、分布面最广，可分为旧式和新式两类。

图 6.4　南京中山陵

　　（3）工业建筑

　　近代工业建筑的发展很大程度上表现为结构及空间的演进。中国近代工业兴起的前期，许多厂房仍沿用木构架结构厂房。19 世纪下半叶，转向引进新式的砖木混合结构厂房。如 1866 年建的福州船政局、1898 年建的南通大生纱厂，一直到 1949 年，砖木混合结构厂房在民族资本工业中仍久用不衰。进入 20 世纪后，开始出现钢结构厂房，到 20 世纪 20—30 年代已普遍应用于机器厂、纺织厂等，如 1904 年建的青岛四方机车修理厂。20 世纪初，钢筋混凝土结构首先用于单层纺织厂房，之后框架、门架、半门架和各种拱架的钢筋混凝土结构在各类大跨单层厂房中普遍应用。

6.2 中国近代建筑教育

　　中国近代建筑教育，由两个渠道组成：一是国内兴办建筑科、建筑系；二是到欧美和日本留学。在时间程序上，留学在先，办学在后，国内的建筑学科是建筑留学生回国后才正式开办的。

1. 中国近代留学建筑教育

从现有资料看，我国最早到欧美和日本留学学习建筑都始于 1905 年。这一年，徐鸿遇到英国利兹大学学习建筑工程，许士谔到日本东亚铁道学校学习建筑科。他们可能是中国最早赴国外攻读建筑学专业的留学生。此后，中国陆续有公费、自费留学生出国学建筑，赴欧美、日本学建筑的势头渐起。其中，美国宾夕法尼亚大学建筑系影响最大，范文照、朱彬、赵深、杨廷宝、陈植、梁思成、童寯、卢树森、李扬安、过元熙、吴景奇、黄耀伟、哈雄文、王华彬、吴敬安、谭垣等，都先后毕业于该系。他们之中的许多人成了中国近代建筑教育、建筑设计和建筑史学的奠基人和骨干。

2. 国内建筑教育

中国兴办建筑教育起步很晚，比日本约晚 50 年。

1923 年，江苏公立苏州工业专门学校（简称苏州工专）设立建筑科，翻开了中国人创办建筑学科的第一页，这是中国建筑教育划时代的创举。苏州工专建筑科由柳士英发起，并由柳士英与刘敦桢、朱士圭、黄祖森共同创办。1927 年，苏州工专与东南大学等 8 所院校合并为国立第四中山大学，在工学院内设置了中国高等学校的第一个建筑科。1928 年 4 月因校名改为中央大学，这个建筑科就成了中央大学建筑科。中央大学建筑科师资队伍雄厚，治学严谨，教学质量很高，培养了一批中国建筑界的栋梁。

继中央大学之后，东北大学工学院和北平大学艺术学院，也于 1928 年开设了建筑系。东北大学建筑系由梁思成（图 6.5）创办，主要老师有陈植、童寯、林徽因、蔡方荫等教授，是清一色的留美学者。东北大学建筑系学制 4 年，教学体系仿照宾夕法尼亚大学建筑系，建筑艺术和设计课程多于工程技术课程。当时北平大学艺术学院的院长是杨仲子，他聘请汪申任建筑系主任，沈理源和华南圭等任教，这几位教师都是留法的，基本上沿用法国的建筑教学体系，学制 4 年。

此后，我国又陆续开办了一系列建筑系科，如 1932 年成立的广东省立工业专门学校

(a) 梁思成在正定隆兴寺测绘　　　　　　　　(b) 梁思成与林徽因

图 6.5　梁思成

建筑工程系（1937 年并入中山大学），1937 年成立的天津工商学院建筑系（1949 年改为津沽大学）等。其中，1942 年创建的圣约翰大学建筑系更是将包豪斯的现代主义建筑教学体系移植到中国。黄作燊（1915—1975 年）任圣约翰大学建筑系主任，他留学于伦敦建筑学院，后又师从美国哈佛大学格罗皮乌斯。黄作燊聘请德、英、匈等外国新派建筑师任教，为中国的现代建筑教育播散了种子。

1946 年，较早接受现代主义思想的梁思成又创设清华大学建筑系并担任系主任，梁思成提出了"体形环境"设计的教学思想，他认为建筑教育的任务不仅仅是培养设计个体建筑的建筑师，还要造就广义的体形环境的规划人才，因此将建筑系改名为营建系，下设建筑学和市镇规划两个专业，课程分为文化及社会背景、科学及工程、表现技巧、设计课程、综合研究 5 部分，加设社会学、经济学等选修课程。梁思成的建筑教育思想和建筑教育实践推进了中国建筑教育的现代进程。

在 20 世纪 20 年代末，中国建筑史学科正式诞生了。学科的创立者梁思成、刘敦桢等做了大量工作，把几千年来一直为士大夫所盲目不齿的建筑事业纳入学术领域，为中国建筑历史和建筑理论研究初步奠定了基础。

6.3 中国近代建筑设计思潮

近代中国的建筑形式和建筑思潮十分复杂，既有延续下来的旧建筑体系，又有输入和引进的新建筑体系；既有形形色色的西方风格的洋式建筑，又有民间建筑的中西交汇和为新建筑探索"中国固有形式"的"传统复兴"；既有西方近代折中主义建筑的广泛分布，也有西方"新建筑运动"和"现代主义建筑"的初步展露；既有世界建筑潮流制约下的外籍建筑师的思潮影响，也有在中西文化碰撞中的中国建筑师的设计探索。下面主要围绕洋式建筑、传统复兴和西方现代主义形式三个方面来介绍。

1. 洋式建筑：折中主义基调

洋式建筑在近代中国建筑中占据很大的比例。它在近代中国的出现，有两个途径：一是被动输入，二是主动引进。

从风格上看，近代中国的洋式建筑，早期流行的是一种被称为"外廊样式"，以建筑带有外廊为主要特征。外廊样式建筑进入中国，最初是在广州十三行街，后来在我国香港、上海、天津等地都曾广泛采用。1860—1880 年是其活动的盛期。

紧随外廊样式之后，各种欧洲古典式建筑在上海等地陆续涌现，这也是当时西方盛行的折中主义建筑的一种表现。

西方折中主义有两种形态：一种是在不同类建筑中采用不同的历史风格，如以哥特式建教堂、古典式建银行和行政机构、巴洛克式建剧场等，形成建筑群体的折中主义风貌；另一种是在同一幢建筑上，混用希腊古典、罗马古典、文艺复兴、法国古典主义等各种风格式样和艺术构件，形成单幢建筑的折中主义面貌。这两种折中主义形态，在近代中国都有体现。

建于 1893 年的上海江海关为仿英国市政厅的哥特式；建于 1907 年的天津德国领事馆

为日耳曼民居式；建于 1923 年的上海汇丰银行为新古典主义式（图 6.6），它们明显地以某一风格为主调，都属于第一种形态的折中主义。也有相当数量的洋式建筑，不拘泥于严谨的古典式构图，采取了较为灵活的体量组合和多样的风格语言，特别是一些规模较大的商业建筑，大多采用这些手法，如天津华俄道胜银行、天津劝业场（图 6.7）等，就属于第二种形态的折中主义。

图 6.6　上海汇丰银行

图 6.7　天津劝业场

2. 传统复兴：三种设计模式

中国近代建筑"中国固有形式"的传统复兴潮流是在中外建筑文化碰撞的形势下，外来的新体系建筑的"本土化"表现。

19 世纪末到 20 世纪初，西方传教士纷纷在中国创办教会学校，一批西方建筑师参与了这些教会学校"中国装"的规划设计。从设计思路看，其特点是屋身保持西式建筑的多体量组合，顶部揉入以南方样式为摹本的中国屋顶形象，如上海圣约翰大学怀施堂（图 6.8）等；20 世纪 10 年代末，建筑师开始关注屋身和屋顶的整合，以北方官式样式为摹本，建筑整体形象趋于宫殿式的仿古追求，如美国建筑师史迈尔设计的南京金陵大学北大楼（图 6.9）、墨菲设计的燕京大学、格里森设计的北京辅仁大学教学楼（图 6.10）等。

图 6.8　上海圣约翰大学怀施堂

图 6.9　南京金陵大学北大楼

中国建筑师开始传统复兴的设计活动以 1925 年南京中山陵设计竞赛为标志。竞赛的前 3 名均为中国建筑师，最终采用了第 1 名吕彦直的设计方案。南京中山陵（图 6.4）于 1926 年奠基，1929 年建成。中山陵位于南京紫金山南坡，依山就势而建，从南到北沿中

图 6.10 北京辅仁大学教学楼

轴线依次布置石牌坊（图 6.11）、墓道、陵门、碑亭、石阶、祭堂、墓室，自陵门以北绕以钟形陵墙。主体建筑祭堂（图 6.12）平面近方形，出 4 个角室，外观上形成 4 个大尺度的石墙墩，上面为蓝色琉璃瓦歇山式屋顶。中山陵在总体布局上借鉴了中国古代陵墓的布局特点，选用了传统陵墓的组成要素并加以简化，整体既庄重又不森严；单体建筑也借鉴传统陵墓建筑形制，运用新材料与新技术，色调明朗、装饰简洁。整个建筑群既有庄重纪念性格、民族韵味浓郁，又呈现出新的格调，成为中国近代传统复兴建筑的起点。

图 6.11 南京中山陵石牌坊

图 6.12 南京中山陵祭堂

传统复兴建筑，大体上可以概括为三种设计模式：第一种是被视为仿古做法的"宫殿式"；第二种是被视为折中做法的"混合式"；第三种是被视为新潮做法的"以装饰为特征的现代式"。

（1）宫殿式

这类建筑尽力保持中国古典建筑的体量关系和整体轮廓，保持台基、屋身、屋顶的"三分"构成，屋身尽量维持梁柱额枋的开间形象和比例关系，整个建筑没有超越古典建筑的基本体形，保持着整套传统造型构件和装饰细部。南京的谭延闿墓祭堂、中国第二历史档案馆（图 6.13）、中山陵藏经楼、南京博物院（图 6.14）和上海市政府大厦（图 6.15）都属于这一类建筑。

图 6.13　中国第二历史档案馆

图 6.14　南京博物院

图 6.15　上海市政府大厦

（2）混合式

混合式建筑突破中国古典建筑的体量权衡和整体轮廓，不拘泥于台基、屋身、屋顶的三段式构成，建筑体形由功能空间确定，墙面大多摆脱檐柱额枋的构架式立面构图，代之以砖墙承重的新式门窗组合，或添加壁柱式的柱梁额枋雕饰，屋顶仍保持大屋顶的组合，或以局部大屋顶与平顶相结合，外观呈现洋式的基本体量与大屋顶等能表达中国式特征的附加部件的综合。

董大酉设计的上海市图书馆（图 6.16）、上海市博物馆可算是这类折中主义形态的中国式建筑的典型表现。这两幢建筑都位于当时规划的上海市中心行政区内，东西相对，两建筑外观形态和尺度大体相仿，都是在两层平屋顶楼房的新式建筑体量上，中部突起局部 3 层的门楼，用蓝琉璃重檐歇山顶，附以华丽的檐饰，四周平台围以石栏杆，集中展示中国建筑色彩。当时建筑师认为这种建筑外观是"取现代建筑与中国建筑之混合式样，因纯粹中国式样，建筑费过昂，且不尽合实用也"。可以说这是对于"宫殿式"的一种改良。

图 6.16　上海市图书馆

（3）以装饰为特征的现代式

这类建筑在西方"装饰艺术"设计潮流的影响下，在新建筑的体量基础上，适当装点中国式的装饰细部。这样的装饰细部，不像大屋顶那样以触目的部件形态出现，而是作为一种民族特色的标志符号出现。

近代中国建筑师对此类建筑进行了很有成效的探索。南京的中央医院、国民政府外交部旧址（图 6.17）、国民大会堂，北京的交通银行、仁立地毯公司，上海的江湾体育场、江湾体育馆、中国银行（图 6.18）等，都是这方面的著名实例。

图 6.17　国民政府外交部旧址

图 6.18　上海的中国银行

国民政府外交部旧址是由华盖建筑师事务所设计的，平面呈 T 形，平屋顶混合结构，中部 4 层，两翼 3 层，入口突出较大的门廊，下部为水泥砂浆仿石勒脚，墙面贴褐色面砖，基本上是西方近代式构图。中国式装饰主要表现为檐下褐色琉璃砖砌出简化的斗拱装饰、顶层的窗间墙饰纹、门廊柱头点缀的霸王拳雕饰、大厅天花清式彩画装饰等。

3. 西方现代主义形式

19 世纪下半叶，欧美各国兴起探求新建筑运动，19 世纪 80—90 年代相继出现新艺术运动、青年风格派、芝加哥学派等探求新建筑的学派。这些新学派力图摆脱传统形式的束缚，使建筑走向现代化。

这场运动通过外国建筑师渗透入近代中国。20 世纪初，在哈尔滨、青岛等城市出现了一批新艺术运动和少量青年风格派的建筑，如哈尔滨的火车站、中东铁路管理局大楼、铁路旅馆、铁路技术学校、莫斯科商场、道里秋林公司等一大批建筑都是新艺术运动风格的建筑，它们都采用合理的功能空间、较为简洁的体量、流畅的曲线，展现出新的建筑潮流。

1925 年后，"装饰艺术"风格流行于欧美各国，这种摩登形式很快在上海风靡一时。如英商公和洋行设计的沙逊大厦（图 6.19）、汉弥尔登饭店，英商业广地产公司建筑部设计的百老汇大厦，匈牙利建筑师邬达克设计的上海大光明电影院（图 6.20）、上海国际饭店（图 6.21）等。

图 6.19　沙逊大厦

图 6.20　上海大光明电影院

图 6.21　上海国际饭店

中国建筑师与欧洲、美国、日本建筑师的现代建筑活动构成了近代中国在现代建筑方面的开端。由于抗日战争开始，现代建筑仅仅活跃了六七年就中断了。

6.4 中国现代建筑

1. 中国现代建筑发展概况

码 6-2 中国现代建筑作品与建筑思潮

中国现代建筑泛指 20 世纪中叶以来的中国建筑。

中华人民共和国成立后，中国建筑进入新的历史时期，大规模、有计划的国民经济建设推动了建筑业的蓬勃发展。这一时期的建筑大都是国计民生急需的。从风格特点上看，中国建筑可以分为 3 类：一类是所谓民族形式的，如 1954 年建成的重庆西南大会堂（现重庆人民大会堂）、北京友谊饭店等；第二类是强调功能的，形式趋于现代的，如 1952 年建成的北京和平宾馆、北京儿童医院等；第三类是学习苏联建筑形式的，包括 1954 年建成的北京苏联展览馆（现北京展览馆）和 1955 年建成的上海中苏友好大厦等。

1959 年，为庆祝中华人民共和国成立 10 周年，北京兴建了人民大会堂、中国历史博物馆与中国革命博物馆（现中国国家博物馆）、中国人民革命军事博物馆、全国农业展览馆、民族文化宫、北京火车站、北京工人体育场、钓鱼台国宾馆、华侨大厦（已拆除重建）、民族饭店，即"十大建筑"。这些建筑全面反映了我国当时建筑的最高水平。

1960—1962 年，国民经济进入调整阶段，基建项目大大压缩。1966 年，建筑业和各行各业一样受到了严重冲击。

1978 年 12 月，党的十一届三中全会召开。国民经济得到恢复与发展，人民的生活也迅速提高到一个新的水平。思想的解放，需求的增加，使中国建筑很快走入迅猛发展的阶段。自 20 世纪 80 年代以来，中国建筑逐步趋向开放、兼容，中国现代建筑开始向多元化发展。

2. 现代建筑作品与建筑思潮

（1）历史主义的延续与发展

20 世纪 50 年代，爱国主义与民族传统相结合，产生了一大批从历史主义传统中发掘建筑语言的建筑设计作品。

1）重庆西南大会堂（现重庆人民大会堂）

图 6.22 为重庆西南大会堂（现重庆人民大会堂）。这是建筑师张嘉德设计作品，也是当时送审的唯一的古典形式方案，它于 1951 年开工，1954 年竣工。该会堂当时用作干部、群众集会、演出的场所，坐落在市政府对面的学田湾马鞍山上，依山层叠而上。其构思为天坛与天安门等清宫式著名建筑的组合，采用直径 46m 的钢结构穹顶，有 4500 个座位，圆形厅堂音响不佳，宝顶镏金及装饰代价甚高，但它反映了当时的一种豪迈之情，一种自信心和信仰。

2）南京华东航空学院教学楼

图 6.23 为南京华东航空学院教学楼。这是杨廷宝建筑师娴熟地运用他的建筑素养，与在实践中学得的清宫式建筑修养完成现代办公楼设计的一例。他显然不希望因形式古典而挥霍投资，结合江南学校建筑性格，通过大面积使用平顶和古典檐口，在局部使用活泼的小屋顶组合形式，手法近于折中主义。由陈登鳌主持设计的北京地安门机关宿舍楼与此

异曲同工，它的特殊位置使得重点处的屋顶尤显必要。

图 6.22　重庆西南大会堂（现重庆人民大会堂）

图 6.23　南京华东航空学院教学楼

3）厦门大学建南楼群

图 6.24、图 6.25 为厦门大学建南楼群，于 1950 年，由华侨陈嘉庚聘工程师按自己的想法设计，并直接组织以石构建筑施工闻名的惠安工匠施工，1954 年建成。它是陈嘉庚的建筑思想及教育思想的体现，楼群按地形背山面海，前为大台阶式操场，气势雄伟，楼群根据教学需要按功能布局，墙体对广场一面用券窗、隅石，唯上部及中楼屋顶为闽南传统，颇有中学为体、西学为用之意，也洋溢着陈氏落叶归根、心存乡梓的爱国爱乡之意。其采用了折中主义的手法。

图 6.24　厦门大学建南楼群（一）

图 6.25　厦门大学建南楼群（二）

4）中国美术馆

图 6.26 为中国美术馆，原为国庆工程，由于经济困难缓期建设，于 1962 年建成。其

图 6.26　中国美术馆

设计是由戴念慈建筑师在清华大学设计小组方案的基础上调整完善并主持完成的，是 20 世纪 50—60 年代古典形式建筑中口碑甚好的一座。这与建筑作为中国美术馆的功能及当时中国美术界人士对建筑风格的期待与要求有关，设计显示了设计者高超的造诣，将可能产生沉重感的屋顶与墙体组织得尺度得体，比例、色彩、质感典雅而明快。其建筑手法为折中主义。

5）全国政协礼堂

全国政协礼堂（图 6.27）建成于 1955 年，建筑设计为赵冬日和姚丽生。这是一个将屋顶去掉，而以通常功能主义手法再配以西洋柱式构图的公共建筑。为了表达民族形式，将细部完全中国化，如柱头及柱廊下加挂落式装饰，三块板改为斗拱，礼堂大厅屋顶上加中式栏杆等，不失为在砖混结构上简洁实用的表达民族形式之法。其属于装饰主义的传统主义技法。

图 6.27　全国政协礼堂

6）中国伊斯兰教经学院

中国伊斯兰教经学院（图 6.28）建成于 1957 年，由赵冬日等人设计。该项目是当时贯彻宗教政策的具体体现，因此尽可能按照伊斯兰教对礼堂、礼拜殿、沐浴室等的要求布

图 6.28　中国伊斯兰教经学院

置，采用穹窿顶、尖拱券廊、栏杆花饰和绿色的色调。从未有人将它说成复古主义，虽然就手法而言，它应可列入复古主义。

（2）新的探索

复古主义创作中也有探索，既有针对特定环境的探索，也有设计理念上的探索。

北京和平宾馆（图 6.29），1952 年建成，建筑面积为 8500m²。设计师杨廷宝坚持采用现代形式，使用钢筋混凝土框架结构，整个建筑设计周密、功能分区合理，保留古树，巧妙利用空间，被誉为"中国当代建筑设计的里程碑"。

图 6.29　北京和平宾馆

北京儿童医院（图 6.30），1952 年建成，主要设计者华揽洪遵循现代主义理念，力求平面合理，立面简洁，但通过立面比例处理以及屋角略有起翘、栏杆上简约点缀传统纹样等细部处理，使建筑有了传统建筑的神韵。

(a) 北京儿童医院鸟瞰图

(b) 北京儿童医院建筑一隅

(c) 飞檐

(d) 栏杆细节

图 6.30　北京儿童医院

（3）与政治相关的建筑作品

20 世纪 50 年代以后的建筑有 2 个明显的特点：一是在立意上，突出表现中华人民共和国成立的伟大意义，具有明显的纪念性；二是在形式上，借鉴传统的设计方法，具有明显的民族性。

北京人民大会堂（图6.31）位于天安门广场西侧，1959年10月竣工，总建筑师为张镈，建筑方案设计者为赵冬日、沈其。人民大会堂占地15万 m^2，总建筑面积为171800 m^2，南北长336m，东西宽174m，由万人堂、宴会厅、全国人大常委会办公楼3部分组成。正面纵分为5段，中部稍高，主次分明。立面采用中国传统建筑三段式的处理手法，顶部为黄色琉璃，四角起翘，挺拔有力，造型雄伟壮丽，富有民族风格。

图6.31　北京人民大会堂

北京火车站（图6.32）是国庆工程中唯一的城市基础设施，由杨廷宝主持设计，南京工学院钟训正等设计的方案被选中作为工作基础，由陈登鳌及北京工业建筑设计院其他设计人员承担施工图设计任务。该建筑第一次在我国采用预应力钢筋混凝土大扁壳，跨度为35m×35m。由于采用折中主义手法，扁壳的曲线融合在传统屋顶的轮廓线中而未获更多的强调，但对不熟悉技术的旅客而言，它当时无疑仍是一处亲切而又现代的驿站。

图6.32　北京火车站立面图

毛主席纪念堂（图6.33）的平面为正方形，南北向设门，每面11开间，与太和殿正立面相同。该纪念堂为重檐平顶，檐口一如人民大会堂，采用黄琉璃饰面。该纪念堂选址在北京城具有700年历史的中轴线上，要求在很短的时间内建成，因此，设计难度较大。

图 6.33　毛主席纪念堂

（4）开放时期的作品与潮流

改革开放使中国建筑走上了新的历史时期，解除了设计思维的禁锢，带来了域外建筑文化的交流与结合，设计实践的机会与规模大大增加，中国的建筑设计水平迅速提高，优秀的建筑作品不断涌现。

如戴念慈设计的曲阜阙里宾舍和锦州辽沈战役纪念馆、佘畯南与莫伯治合作设计的广州白天鹅宾馆、马国馨为首设计的北京奥林匹克中心、华东建筑设计院设计的上海东方明珠电视塔、齐康设计的南京侵华日军大屠杀遇难同胞纪念馆等；同时，改革开放使建筑设计领域向国外开放，外国建筑师纷纷参与中国建筑设计。中国建筑的多元化格局逐步呈现。

北京香山饭店（图 6.34），建于 1982 年，由美国贝聿铭建筑师事务所设计，位于西山风景区的香山公园内，自然环境幽静典雅，整座饭店结合地形，巧妙地营造出高低错落的庭院式空间，古木、流泉、碧荫与白墙灰瓦式的主体建筑相映成趣，饭店大厅面积 800 余平方米，阳光透过玻璃屋顶洒在绿树茵茵的大厅内，明媚而舒适。建筑的前庭、大堂和后院，分布在一条南北的轴线上。空间序列的连续性，营造出中国传统建筑庭院深深的美学表现。北京香山饭店成为新古典主义的代表作品。

(a) 外观

(b) 内景

图 6.34　北京香山饭店

北京长城饭店（图 6.35）建于 1980 年代初，由中国国际旅行社北京分社和美国伊沈建筑发展有限公司合资建造和经营，并由美国贝克特设计公司按最高国际标准的大型旅游饭店设计。由它开始了大片镜面玻璃幕墙映照古都北京的做法。

图 6.35 北京长城饭店

思考题

一、选择题

1.（多选题）以下关于中国近代建筑描述正确的有（　　　）。

A. 明显地呈现新旧两大建筑体系并存的局面

B. 有新城区、新建筑紧锣密鼓的快速转型

C. 有旧乡土建筑依然故我的慢吞吞的推迟转型

D. 交织着中西建筑的文化碰撞

E. 经历了近、现代建筑的历史搭接

2.（多选题）近代中国建筑大致经历了以下发展阶段（　　　）。

A. 19 世纪中叶至 19 世纪末是中国近代建筑活动的早期阶段

B. 19 世纪末至 20 世纪 20 年代，中国近代建筑的类型大大丰富，近代中国的新建筑体系形成

C. 20 世纪 20 年代至 30 年代末，近代建筑体系的发展进入繁盛期

D. 20 世纪 30 年代末至 40 年代末，由于持续的战争状态，中国近代化进程趋于停滞，建筑活动很少

E. 西方"新建筑运动"和"现代主义建筑"初步展露

3.（多选题）中国近代建筑设计思潮主要有（　　　）。

A. 洋式建筑：折中主义基调

B. 传统复兴：三种设计模式

C. 西方现代主义形式

D. 以装饰为特征的现代式

E. 混合式

4.（单选题）中国美术馆的设计师是（　　　）。

A. 杨廷宝　　　B. 陈嘉庚　　　C. 戴念慈　　　D. 张嘉德

5.（单选题）被誉为"中国当代建筑设计的里程碑"的建筑是（　　　）。

A. 北京和平宾馆　　　　　　　B. 北京人民大会堂

C. 北京火车站　　　　　　　　D. 全国政协礼堂

6.（多选题）现代建筑作品与建筑思潮主要有（　　　）。

A. 历史主义的延续与发展

B. 复古主义创作中的探索，既有针对特定环境的探索，也有设计理念上的探索。

C. 与政治相关的建筑作品

D. 开放时期的作品与潮流

E. 折中主义建筑形式

二、判断题（对的打√，错的打×）

1. 洋式建筑在近代中国建筑中占据很大的比例。它在近代中国的出现，有两个途径：一是被动输入，二是主动引进。　　　　　　　　　　　　　　　　　　（　　　）

2. 梁思成、刘敦桢是中国最早赴国外攻读建筑学专业的留学生。　（　　　）

3. 1928 年，江苏公立苏州工业专门学校设立建筑科，翻开了中国人创办建筑学科的第一页，这是中国建筑教育划时代的创举。　　　　　　　　　　　　　（　　　）

4. 中国近代建筑"中国固有形式"的传统复兴潮流是在中外建筑文化碰撞的形势下，外来的新体系建筑的"本土化"表现。这股潮流先由外国建筑师发端，后由中国建筑师引向高潮。　　　　　　　　　　　　　　　　　　　　　　　　　　　（　　　）

三、问答题

1. 简述中国近代城市的主要类型。

2. 简述中国近代建筑的发展历程。

3. 结合实例简要分析中国现代建筑作品与建筑思潮。

绘图实践题

请用 A4 绘图纸抄绘南京中山陵。可以参考图 6.4、图 6.11、图 6.12 绘制，也可以上网搜索更多详细信息。

码 6-3　第 6 讲思考题参考答案

第二篇　外国建筑史

外国建筑史是除中国以外各国建筑的历史，各国人民的创造史。本篇主要以欧洲建筑史为主，这是因为，欧洲作为一个整体，它的历史悠久，经历的阶段最多，每个阶段都发展得很充分，阶段性鲜明。欧洲建筑史的每个阶段都有占主导地位的建筑类型、相应的建筑形制和风格，它们的形成和变化的脉络清晰可见；在欧洲孕育了现代派建筑，发动了建筑史上最伟大的革命，对全世界都有很大的影响。

建筑与社会的发展息息相关，各国的自然条件、哲学思想、社会经济发展、生活习惯等各种因素的不同，形成各自不同建筑体系，它们在建筑风格、建筑材料、建筑构造、建筑施工等方面存在很大的差异。每个建筑体系的发展是不平衡的，有早有迟，有快有慢，本篇通过介绍典型建筑来反映一个时期建筑发展的主流，同时也对一些建筑师进行简单介绍。

学习外国建筑史，可以帮助我们了解古往今来建筑成就的丰富性，丰富知识、开阔眼界、活跃思想、提高品位，培养历史意识、历史使命感和社会责任心。

【思政要点】

一、思政目标

1. 培养全球意识、开放观念、学习精神；
2. 树立辩证思想，培养科学和创新精神；
3. 提高建筑艺术修养、建筑鉴赏力。

二、思政切入点

序号	思政切入点	引例
1	提高修养，丰富建筑文化素养，培养审美能力	古埃及金字塔、太阳神庙、雅典卫城、古罗马大角斗场、比萨斜塔、佛罗伦萨主教堂等建筑成就
		古希腊古罗马柱式的演变、拱券技术、穹顶技术、帆拱技术、飞券技术、灿烂的装饰艺术
2	培养全球意识和国际视野；培养科学、创新精神；领悟建筑思想理念，塑造职业理想信念	文艺复兴运动推动了世界文化的发展，解放了人的思想
		工业革命促进了新材料、新技术、新设备的出现，为近代建筑发展开辟了广阔前景，但也造成环境恶化等一系列问题
		19世纪下半叶，随着钢铁、玻璃、混凝土等新材料的大量生产和应用，建筑的新功能促使探求新建筑的运动
		被称为"现代设计的摇篮"的包豪斯，培养了整整一个时代的设计人才，引领了整整一个时代的现代主义运动和设计风格

第**7**讲

西方古代建筑

学习目标

知识目标：

1. 了解古埃及建筑、两河流域建筑的类型；熟悉古埃及的代表性建筑和两河流域的代表作品；

2. 了解古希腊建筑的发展概况；熟悉古希腊柱式特征；

3. 了解古罗马建筑的发展概况；了解古罗马的代表性建筑。

能力目标：

1. 能简述古埃及的代表性建筑；

2. 能简要分析古希腊柱式与古罗马柱式的主要特征及区别。

思维导图

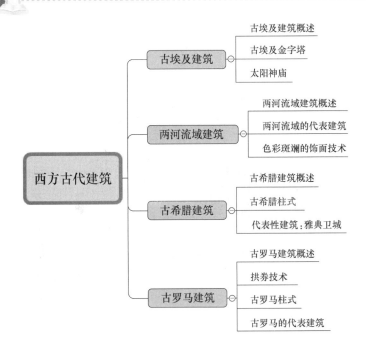

了解古埃及的三大金字塔。

三大金字塔，第一座是胡夫金字塔，是世界上最大的金字塔，是第四王朝第二个国王胡夫的陵墓。

第二座金字塔是胡夫的儿子哈佛拉国王的陵墓，塔前建有庙宇等附属建筑和著名的狮身人面像（图7.1）。除狮爪是用石块砌成之外，整个狮身人面像是在一块巨大的天然岩石上凿成的。

图7.1 狮身人面像

为什么刻成狮身呢？在古埃及神话里，狮子乃是各种神秘地方的守护者，也是地下世界大门的守护者。因为法老死后要成为太阳神，所以就造了这样一个狮身人面像为法老守护门户。

第三座金字塔是胡夫的孙子孟卡拉国王的陵墓。

7.1 古埃及建筑

码7-1 古埃及建筑

1. 古埃及建筑概述

埃及是世界上最古老的国家之一，它位于非洲的东北部，其南部为未开辟的高原，北临地中海、东濒红海、西接干燥不毛的沙漠，气候炎热少雨。在公元前3500年左右，埃及曾经成立了两个王国，即上埃及（尼罗河中游）和下埃及（尼罗河三角洲）。经过长期的战争，终于在公元前3200年左右，上埃及灭了下埃及，建立了统一的美尼斯王朝，历史上称为第一王朝。首都建于尼罗河下游的孟菲斯。

古埃及建筑的发展可按其国家的历史分为四个时期：

第一，王国前期与古王国时期（前32世纪—前22世纪）；

第二，中王国时期（前 22 世纪—前 1580 年）；

第三，新王国时期（前 1580—前 1150 年）；

第四，晚期（前 1150—前 30 年）。

2. 古埃及金字塔

（1）金字塔的雏形

古埃及境内有大片沙漠，几乎没有适合用于建筑的木材，因此古埃及人只能用质地细腻的泥土制成坚硬的能够抵抗当地雨水的土坯。石头是古埃及的主要自然资源，古埃及人在河谷边开采石灰石、砂石、花岗石、玄武石等，用这些石头建造宫殿和庙宇。

古埃及是政教合一、君主独裁的奴隶制国家。一切行政、军事、司法权力都集中在国王之手，国王被视为神圣不可侵犯，并尊为"法老"（意为宫殿）。

僧侣的地位也很高，是人民的教师、医师、历史学家、艺术家。僧侣以下是军官、贫民及奴隶。所有贫民都必须按一定的制度征召去为贵族或国王服务，所以古埃及建筑在类型和形制上反映了中央集权的奴隶占有制国家的特点。

古埃及很早就积累了天文知识，产生了埃及天文学。数学特别是几何学知识在古代埃及相当发达，这与对尼罗河的测量密切相关。金字塔建筑的精密计算是埃及数学成就的具体体现。医学也已产生，木乃伊的制作促进了对人体的研究，使埃及人能较正确地认识人体结构。埃及最早的文字是象形文字，此外，古埃及人在施工、运输、管理等方面都已形成十分完善的体系。

古埃及人特别重视建造陵墓。

比较大的陵墓包括墓室和祀厅两部分。早在公元前 4 千纪，除了宽大的地下墓室之外，还在地上用砖造了祭祀的厅堂，仿照上埃及贵族的住宅，是略有收分的长方形台子，在一端入口，称为"玛斯塔巴"（图 7.2），意思是"凳子"，因为外形很像凳子。

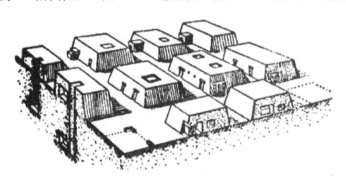

图 7.2　玛斯塔巴

（2）金字塔的形成

到了古王国时期，随着中央集权国家的巩固和强盛，越来越刻意制造对皇帝的崇拜，用石头建造了一个又一个的陵墓，最后形成了金字塔。

第一座完全用石头建成的陵墓是萨卡拉的昭赛尔金字塔（图 7.3），大约造于公元前 3000 年，是 6 层阶梯式金字塔，高约 60m，底面是 126m×106m 的矩形。其周围还有庙宇和一些附属性的建筑物，是保存至今最早的一批石建筑。

（3）金字塔的高潮——吉萨金字塔群

图 7.3　昭赛尔金字塔

　　昭赛尔金字塔之后，金字塔的形制还在探索，有 3 层的，有分 2 段而上下段坡度不同的等。公元前 3 千纪中叶，古埃及人在离首都不远（开罗西南 80km）的吉萨造了第四王朝 3 位国王的 3 座相邻的大金字塔（胡夫、哈佛拉、孟卡拉金字塔），形成一个完整的群体。它们是古埃及金字塔最成熟的代表（图 7.4、图 7.5）。

图 7.4　吉萨金字塔群鸟瞰图

图 7.5　吉萨金字塔群

　　它们都是精确的正方锥体，形式极其单纯，比昭赛尔金字塔提高了一大步。塔很高大，胡夫金字塔高 146.6m，底边长 230.35m；哈佛拉金字塔高 143.5m，底边长215.25m；孟卡拉金字塔高 66.4m，底边长 108.04m。

　　纪念性建筑物的典型风格形成了。石建筑终于抛弃了对木建筑的模仿而有了自己的形式和风格。

　　金字塔的艺术表现力主要在于外部形象，3 座金字塔在白云黄砂之间展开，气度恢宏。它们都是正方位的，但互以对角线相接，造成建筑群参差的轮廓。在哈佛拉金字塔祭祀厅堂的门厅旁边，有一座巨大的狮身人面像，它是旭日神的象征，高约 20m，长约46m，称作"斯芬克斯"（图 7.6），石像的面部是按哈佛拉的相貌塑造的，大部分就原地的岩石凿出。它浑圆的头颅和躯体面向东方，同远处金字塔的方锥形产生强烈的对比，使整个建筑群富有变化。金字塔的旁边还有一些皇族和贵族的小小的金字塔和长方形台式陵墓。

图 7.6　哈佛拉金字塔前的狮身人面像

　　（4）金字塔的衰落

　　中王国时期，地方和僧侣势力有很大增长，经济生活因国家的统一而有所发展，从而促进了城市的兴建。

　　随着地方势力的不断增强，中央集权相对削弱，国王的陵墓仍在兴建，但规模已远不及以前；贵族也不再把自己的坟墓建在帝王陵墓的脚下，而是另凿崖墓。后来中王朝迁都底比斯，这一带没有平坦的开阔地，只有悬崖峭壁，有的国王在这时也采用了崖墓的形制。

　　在这种情况下，皇帝陵墓的新格局是：祭祀厅成了陵墓建筑的主体，扩展成为规模宏大的祀庙，它造在悬崖之前，按纵深系列布局，最后一进是凿在悬崖里的石窟，作为圣堂。整个悬崖被巧妙地组织到陵墓的外部形象中来，它们起着金字塔的作用。

　　如曼都赫特普三世墓（图 7.7、图 7.8），进入墓区大门，首先是一条两侧密排着狮身人面像的石板路，长约 1200m，然后是一个大广场，沿着道路两侧排着皇帝的雕像。由长长的坡道登上一层坪台，紧靠它正面和两侧是柱廊，在第二层坪台之上正中央有一座不大的金字塔，作为中心。陵墓后面是一个院落，四周柱廊环绕，再后面是一座有 80 根柱子的大厅，最后由大厅进入小小的凿在山岩里的圣堂。

图 7.7　曼都赫特普三世墓

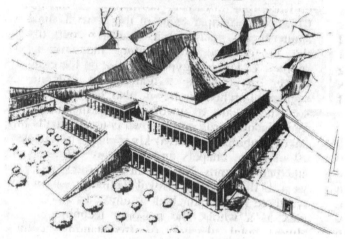

图 7.8　曼都赫特普三世墓复原图

3. 太阳神庙

新王国时期，将皇帝同高于一切的太阳神结合起来，被称为太阳神的化身。

从此，太阳神庙就代替陵墓成为皇帝崇拜的纪念性建筑物，占据最重要的地位，在全国普遍建造。太阳神庙其实就是皇帝庙，雕像是皇帝，臣民们向太阳神匍匐膜拜，就是细伏在皇帝的脚下。

神庙的典型形制是在一条纵轴线上依次排列高大的门、柱廊院、大殿和一串密室。在神庙中，规模最大的是卡纳克神庙和卢克索神庙。

神庙有两个艺术重点：一个外部的，是大门，群众性的宗教仪式在它前面举行，力求富丽堂皇，与宗教仪式的戏剧性相适应。门的样式是高大的梯形石墙夹着不大的门道，石墙上满布彩色的浮雕，门前有一两对皇帝的圆雕坐像和方尖碑，如图 7.9、图 7.10 所示。另一个内部的，是大殿，皇帝在这里接受少数人的朝拜，力求幽暗威严，与仪典的神秘性相适应。大殿里布满了粗壮高大的柱子，排列密集，视线处处被遮挡，中间两排柱子加高形成高侧窗，光线透过高窗落在巨大的柱子上形成斑驳的光影，给人一种神秘的压抑感

（图 7.11、图 7.12）。

图 7.9　卡纳克神庙大门

图 7.10　卢克索神庙大门

图 7.11　卢克索神庙里的柱

图 7.12　卡纳克神庙里的柱

在神庙的入口处，常成对地竖立一两对方尖碑（图 7.13）。它们是太阳神庙的标志。方尖碑的断面呈正方形，上小下大，顶部为金字塔状，常镀合金。高宽比一般为 10∶1，用整块花岗石制成，碑身阴刻图案和文字。方尖碑起初摆在建筑群的中心，后来布置在庙宇大门的两侧。

图 7.13　方尖碑及其细部

古埃及各地都有神庙建筑，这些神庙也各具特色，有代表性的是拉美西斯二世修建的阿布辛贝神庙，整个神庙开凿在一块巨大的岩石山体上，以入口及神庙内各种精美的雕刻而闻名，如图 7.14 所示。

图 7.14　阿布辛贝神庙入口

7.2 两河流域建筑

1. 两河流域建筑概述

两河流域是指在底格里斯河和幼发拉底河之间的流域。两河文明是世界最早的文明之一，又称为美索不达米亚文明。

两河流域的南部为巴比伦，北部为亚述，气候干燥，上游积雪融化后形成每年定期的泛滥，该地区土质肥沃。公元前 3000 年左右两河流域地区建立了以巴比伦和亚述为首都的君主集权国家。

两河流域地区美索不达米亚平原是两河泛滥淤积而成的低地，夏天炎热，蚊虫扰人；冬季则有从北方山区吹来的寒风，气候潮湿。所以，建筑大多先筑一座高土台，然后将各种房屋建于土台上，以避免水患和潮湿。土台周围有可通上下的大扶梯。

公元前 19 世纪之初，巴比伦王统一了两河下游，甚至征服了上游。公元前 900 年左右，上游的亚述王国建立了包括两河流域、叙利亚和埃及在内的军事专制的亚述帝国，并开始兴建规模宏大的城市与宫殿。公元前 625 年，迦勒底人征服亚述，建立新巴比伦王国，巴比伦城重新繁荣，成为东方的贸易与文化中心，到公元前 539 年被波斯帝国所灭。此后又经历波斯、马其顿、罗马与奥斯曼等帝国的统治。第一次世界大战后，其主要部分在今伊拉克境内。

2. 两河流域的代表建筑

（1）乌尔山岳台（图 7.15）

山岳台又称观象台，是古代西亚人崇拜天体、崇拜山岳、观测星象的高台建筑物。

山岳台是一种用土坯砌筑或夯土的多层高台，有坡道或者阶梯逐层通达台顶，顶上有一间不大的神堂。坡道或阶梯有的正对着高台立面，有的沿左右分开上去，也有螺旋式的。古埃及的台阶形金字塔或许与它有渊源关系。

(a) 乌尔山岳台想象鸟瞰图

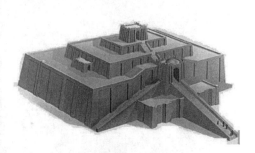
(b) 乌尔山岳台复原图

图 7.15　乌尔山岳台

乌尔山岳台，采用生土夯筑，表面贴一层砖，砌着薄薄的凸出体。第一层的基底尺寸为 65m×45m，高 9.75m。有三条大坡道登上第一层，一条垂直于正面，两条贴着正面。第二层的基底尺寸为 37m×23m，高 2.5m，第三、四层大大缩小，台顶有一座山神庙（二层以上残毁）。据估算，乌尔山岳台总高约 21m。

（2）萨艮王宫

公元前 8 世纪，两河上游的亚述统一西亚、征服古埃及之后，在各处兴建都城，大造宫室和庙宇，其中最重要的建筑遗迹是萨艮王宫（前 722—前 705 年），如图 7.16 所示。

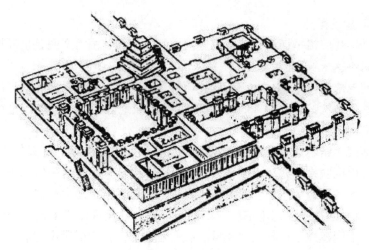

图 7.16　萨艮王宫

王宫建在高 18m、边长 300m 的方形土台上，从地面通过宽阔的坡道和台阶可达宫门。宫殿由 30 多个内院组成，共 200 多个房间，布局明确。从南面大门进入一个 92m 见方的大院子，其东面是行政部分，西面是庙宇区，北面是皇帝的正殿和后宫。整个宫殿处处设防。宫殿的西部有庙宇和山岳台，反映了皇权与神权的合流。

王宫的大门由 4 座方形碉楼夹着 3 个拱门，中央拱门宽 4.3m，墙上满贴彩色琉璃面砖。在门洞口的两侧和碉楼转角处，雕刻着具有 5 条腿的人首翼牛像（图 7.17）。人首翼牛像是亚述常用的装饰题材，象征睿智和健壮。其正面表现为圆雕，侧面为浮雕。正面有 2 条腿，侧面 4 条腿，转角 1 条腿在两面共用，一共 5 条腿。因为它们巧妙地符合观赏条件，所以并不显得荒诞。它们的构思不受雕刻体裁的束缚，把圆雕和浮雕结合起来，很有创新精神。

图 7.17　人首翼牛像

3. 色彩斑斓的饰面技术

两河流域地区，木材和石料不多，长期以来使用土坯和芦苇造房子。后来用优质黏土制成日晒砖、窑砖等，砌砖用的粘结材料，早期用当地出产的沥青，后期用含有石灰质泥土制成的灰浆，这就发展了制砖和拱券技术。在巴比伦建筑中，还发现有彩色琉璃砖的装饰。

为了保护土坯墙免受频繁暴雨的侵蚀，趁土坯潮软的时候，钉入长约 12cm 的圆锥形陶钉。陶钉密密排列，形如镶嵌，于是人们将底面涂成红、白、黑 3 种颜色，组成图案。

公元前 3 千纪后，人们开始使用沥青保护墙面，并在外面贴各色石片和贝壳以防止沥青暴晒；土坯墙下部易损，因此多在此部位用砖或石垒，甚至以石板贴面，做成墙裙。由此，在墙的基部做横幅的浮雕成为两河流域建筑的特色之一。

公元前 3 千纪，色泽美丽、防水性好的琉璃被发明，成为最重要的饰面材料，如新巴比伦城墙以亮丽的蓝色为底色，由白黄两色组成的狮子、公牛和龙的图案散布在城墙各处，由上到下一层一层地排列着，昂首阔步，栩栩如生，如图 7.18 所示。

图 7.18　新巴比伦城的伊什达城门

从陶钉到琉璃砖，饰面的技术和艺术手法都产生于土坯墙的实际需要，符合饰面材料本身的制作和施工特点，又富有所需要的艺术表现力，从而形成稳定的传统。这一时期色彩斑斓的饰面技术对后来的拜占庭建筑和伊斯兰建筑影响很大。

7.3 古希腊建筑

码 7-2　古希腊
与古罗马建筑

1. 古希腊建筑概述

公元前 8 世纪起，在巴尔干半岛、小亚细亚西岸和爱琴海的岛屿上建立了很多小的奴隶制城邦国家。它们向外移民，又在意大利、西西里和黑海沿岸建立了许多国家。它们之间的政治、经济、文化关系十分密切，总称为古希腊。

古希腊建筑经历了 4 个发展时期：

荷马时期（前 12 世纪—前 8 世纪）；

古风时期（前 7 世纪—前 6 世纪）；

古典时期（前 5 世纪—前 4 世纪）；

希腊化时期（前 3 世纪—前 2 世纪）。

2. 古希腊柱式

古希腊古典时期的庙宇多半采用周围柱廊式的造型。古希腊建筑中的柱式是逐渐发展完善起来的。

早期人们对石头的性能还不熟悉，因此，柱式的比例和细部做法有很多变化，但变化遵循的原则都是追求优美的比例，追求构件和谐、匀称、端庄的形式。于是，石材建筑物的各构成部分——檐部、柱子、基座之间的处理逐渐形成定型做法，这种有特定做法的梁柱结构的艺术形式，叫柱式。在古希腊建筑中最先创造了 3 种古典柱式，即多立克柱式、爱奥尼柱式、科林斯柱式。除了以上三种古典柱式外，还创造了用人像雕刻来代替柱子的两种形式，即亚特兰大（男像柱）和卡立阿提达（女像柱）。

（1）柱式的组成

柱式一般由檐部、柱子以及基座组成，如图 7.19 所示。柱子是主要的承重构件，也是艺术造型中的重要部分。从柱身高度的 1/3 开始，它的断面逐渐缩小，称为收分，柱子收分后形成略微向内弯曲的轮廓线，加强了它的稳定感。檐部、柱子、基座又分别包括若干细小的部分，它们大多是由于结构或构造的要求发展演变而来的。在檐口、檐壁、柱头等重点部位常有各种雕刻装饰，柱式各部分之间的交接处也常带有各种线脚。

（2）古希腊柱式简介

古希腊主要有两种柱式同时在演进，一种是流行于小亚细亚先进共和制城邦的爱奥尼柱式，另一种是意大利、西西里一带寡头制城邦的多立克柱式。爱奥尼柱式比较秀美华丽，比例轻快，开间宽阔，反映着从事手工业和商业的平民们的艺术趣味。多立克柱式粗壮，受古埃及建筑的影响，反映着寡头贵族的艺术趣味。古希腊对人体美的重视和赞赏在柱式的造型中充分体现，刚劲、粗壮的多立克柱式象征着男性的体态和性格，爱奥尼柱式则以其柔和秀丽表现了女性的体态和性格。后来出现科林斯柱式，除柱头由毛茛叶纹装饰外，其他部分同爱奥尼柱式一样。3种柱式（图7.20、图7.21）的比较见表7-1。

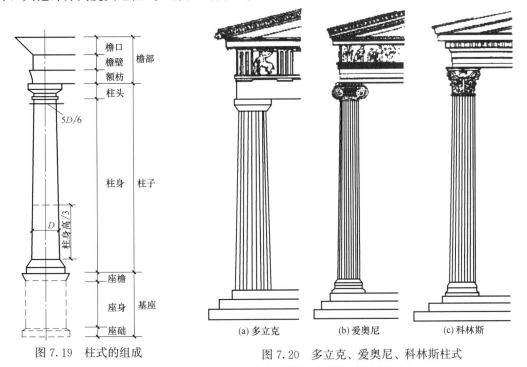

图 7.19　柱式的组成

图 7.20　多立克、爱奥尼、科林斯柱式

(a)雅典卫城山门中多立克柱

(b)雅典娜胜利女神庙的爱奥尼柱

(c)宙斯神庙的科林斯柱

图 7.21　多立克、爱奥尼和科林斯柱实例

多立克、爱奥尼和科林斯柱式对比表 表7-1

名称 部位	多立克柱式	爱奥尼柱式	科林斯柱式
柱础	无柱础	有弹性的柱础	有弹性的柱础
柱径柱高比	1:(4~6)	1:(9~10)	1:10
柱身凹槽	20个尖齿凹槽	24个平齿凹槽	24个平齿凹槽
柱头	简单的倒圆锥 台,粗壮有力	两个涡卷, 优美典雅	毛茛叶纹装饰, 纤巧华丽
檐部	高大厚重	轻巧	纤巧
整体	仿男体, 威武雄健,比例粗壮	仿女体, 柔美秀丽,比例修长	借鉴爱奥尼柱式, 装饰性更强

古希腊的柱式后来被罗马建筑继承,影响了全世界的建筑。

3. 代表性建筑:雅典卫城

公元前5世纪,作为全希腊的盟主,雅典进行了大规模建设。建设的内容包括元老院、议事厅、剧场、画廊、体育场等公共建筑,当然建设的重点是卫城。雅典卫城达到了古希腊圣地建筑群、庙宇、柱式和雕刻的最高水平。

卫城在雅典城中央一处高于平地70~80m的山冈上,东西长约280m,南北最长处约130m,从外部到卫城只有西面一个通道,给人以山势陡峭的感觉。

其主要建筑有卫城山门、胜利神庙、帕提农神庙、伊瑞克提翁神庙以及雅典娜雕像。建筑群突出了帕提农神庙,它位于卫城的最高点,体量最大,在建筑群中是唯一的周围柱廊式的建筑,风格庄重宏伟。其他建筑物在整个建筑群中都起陪衬对比的作用。雅典卫城如图7.22所示。

雅典卫城建筑群建设的总负责人是雕刻家菲迪亚斯。帕提农神庙的主要设计人是伊克底努,卡里克拉特参与设计。帕提农神庙的雕刻也是最辉煌的杰作,由菲迪亚斯和他的弟子创作完成。神庙内的雅典娜神像用象牙和黄金制成,是菲迪亚斯最光辉的作品。

(a)雅典卫城复原远眺图

图7.22 雅典卫城(一)

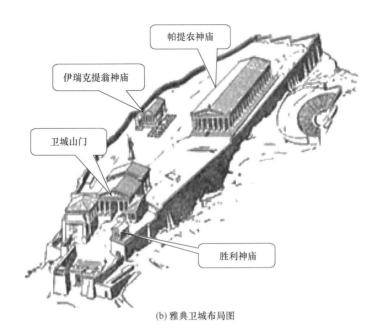

(b) 雅典卫城布局图

图 7.22　雅典卫城（二）

　　卫城山门（图 7.23）建于公元前 437—前 432 年，是卫城唯一的入口。为了适应地面的倾斜，山门西半边地坪比东半边地坪低 1.45m，屋顶也做断开处理，使前后两个立面各自比例适宜。山门两侧因地制宜地采用不对称形式，北翼是展览室，南翼是敞廊。卫城山门为多立克柱，前后各有 6 根柱子，中央开间特别大，净宽 3.85m，突出了大门的作用，门前设坡道，以便车马通行，其他门洞前设踏步。卫城山门内部沿中央道路两侧有 3 对爱奥尼柱式，雅典卫城首创在多立克建筑上混用爱奥尼柱式的做法。卫城山门是两种柱式合用的成功实例之一。

图 7.23　卫城山门现状

　　胜利神庙（图 7.24）的体形很小，在卫城山门右前方，是斜放着的，显得很活泼，与卫城山门组成了个统一的构图。台基平面尺寸仅 5.38m×8.15m，前后各 4 根爱奥尼柱。建筑物外部西、南、北三面的檐壁上都刻着希腊人与波斯骑兵作战的故事，东面则刻着观战的诸神。雕刻画面生动逼真，反映了希腊工匠高超的艺术技巧。

图 7.24　胜利神庙

　　帕提农神庙（图 7.25）是雅典卫城中最主要的建筑物，形制最隆重，它不仅是宗教的圣地，而且是雅典的国家财库和档案馆。它象征着雅典在与波斯帝国的战争中所取得的胜利。

　　帕提农神庙是希腊最大的多立克神庙，呈长方形，坐落在尺寸 69.54m×30.89m 的 3 级台基上，柱子底径 1.905m，高 10.43m，东西各 8 根柱子，南北各 17 根柱子。神庙全部用晶莹洁白的大理石砌成，还用了大量镀金饰件，东西檐部的三角形山花、龙间板、外檐壁上满是雕刻，而且柱头和整个檐部色彩浓重，以红蓝为主，局部贴金，装饰极为华丽。

　　帕提农神庙的多立克柱式被誉为此种柱式的典范，它比例匀称、尺度合宜、风格高雅、刚劲挺拔、细部处理精巧细致、庄重简洁。

　　神庙的内部分成两个大厅，正厅又叫东厅，内部坐落着 12.8m 高的雅典娜神像，其南、北、西三面采用上下两层叠柱的多立克式柱，以减小柱径，反衬神像的高大和内部的宽阔。后面是国库和档案馆，内部有 4 根爱奥尼式柱。

图 7.25　帕提农神庙

　　伊瑞克提翁神庙（图 7.26）建在帕提农神庙对面一块有高差的地段上，采用了自由不对称的构图法，打破了在庙宇建筑上一贯采用严整对称平面的传统，成为希腊神庙建筑中的特例。

图 7.26　伊瑞克提翁神庙

东部圣堂前面 6 根爱奥尼柱，西部圣堂比东部低 3.2m，正门朝北，门前是面阔 3 间的柱廊；西立面建有 4.8m 高的基座墙，其上立柱廊；南立面是一片封闭的石墙，其西端是由 6 根女郎柱形成的柱廊。各立面变化很大，体形复杂，但构图完整均衡，各立面之间相互呼应。

伊瑞克提翁神庙与帕提农神庙形成鲜明的对比，帕提农神庙为多立克柱式，对称布局，雄伟端庄，装饰华丽，金碧辉煌，而伊瑞克提翁神庙为爱奥尼柱式，采用不对称布局，轻巧活泼、色彩淡雅。这种对比处理使建筑群更加丰富、生动。

伊瑞克提翁神庙是古典盛期爱奥尼柱式的典型代表。南门廊的女郎柱（图 7.27）更是

图 7.27　伊瑞克提翁神庙的南门廊

设计巧妙。她们长裙束胸，轻盈飘忽，头顶千斤，亭亭玉立。为了支撑沉重的石顶，6位少女的颈部必须足够粗，但这样必将影响其美观。于是建筑师给每位少女颈后保留了一缕浓厚的秀发，在头顶加上花篮，成功地解决了建筑美学上的难题，因而举世闻名。这一变化汇聚了古希腊建筑师的智慧，也代表了古希腊精湛的雕刻技术，这种设计风格在欧洲各国得到了进一步推广，在文艺复兴时期，女像柱的形象被广泛应用于家具。

7.4 古罗马建筑

1. 古罗马建筑概述

古罗马时代是西方奴隶制发展的最高阶段。古罗马的建筑继承了古希腊建筑的成就，并结合了自己的传统，创造出罗马独有的风格。

罗马本是意大利半岛中部西岸的一个小城邦国家，公元前5世纪起实行自由民主的共和政体。公元前3世纪，罗马征服了全意大利，向外扩张，到公元前1世纪末，统治了大部分欧洲，南到埃及和北非，北到法国，东到叙利亚，西到西班牙等地。公元前30年起，罗马成了帝国。

古罗马的历史大致可以分为三个时期：

(1) 伊特鲁里亚时期（前750—前500年）。

(2) 罗马共和国时期（前510—前30年）。

(3) 罗马帝国时期（前30—公元395年）。

罗马帝国时期，在军事掠夺的基础上，国家建设繁荣起来，出现了一批规模巨大的城市、广场、宫殿、府邸、法庭（巴西利卡）、浴场、剧场、斗兽场以及市政工程等。同时，以皇帝为代表的统治阶级为自己建造纪念碑，也建造了不少凯旋门、纪功柱。这些遗迹一直保留到现在。

2. 拱券技术

拱券技术是罗马建筑最大的特色，也是最伟大的成就，它对欧洲建筑的贡献无与伦比。

促进古罗马拱券技术发展的是建筑材料天然混凝土。它的主要成分是一种活性火山灰，并加入石灰和碎石后，其凝结力强，可塑性良好，坚固，不透水。公元前1世纪中叶，拱券结构几乎完全采用了天然混凝土。

早期的拱为筒形拱，它和穹顶一样很重，而且是整体的、连续的，都需要设置连续的承重墙，这使得建筑内部空间封闭而单一。为了摆脱承重墙的限制，只需要四角有支柱的十字拱出现了，它使建筑内部空间得以解放，进而形成了拱顶体系，如图7.28所示。

罗马建筑的空间组合、艺术形式等都同拱券结构有联系。正是拱券技术使罗马宏伟壮丽的建筑有了实现的可能性。

2—3世纪，混凝土拱券结构技术发展到新的水平，拱和穹顶的跨度已很可观了。

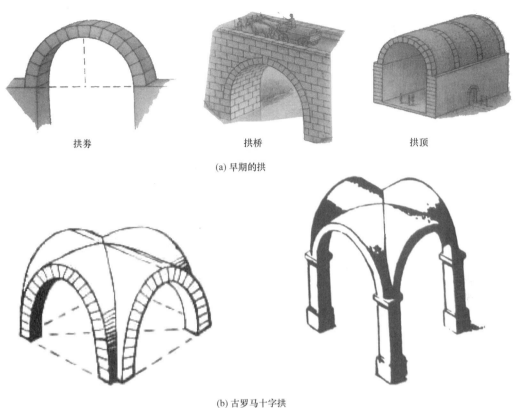

拱券　　　　　　　　　拱桥　　　　　　　　　拱顶

(a) 早期的拱

(b) 古罗马十字拱

图 7.28　古罗马拱券

3. 古罗马柱式

这时期，古希腊的柱式在古罗马得到广泛应用，并有新的发展。除去古希腊原有的多立克、爱奥尼、科林斯柱式外，古罗马人又创造了塔司干和混合柱式。对古希腊原有的柱式进行改造，并且程式化，加上罗马自己创造的两种柱式，形成"罗马五柱式"，如图7.29 所示。

增加的两种柱式：一是塔司干柱式，它是罗马原有的一种柱式，其形式和多立克柱式很相似，但柱身没有凹槽。二是复合柱式，这是一种更为华丽的柱式，由爱奥尼和科林斯柱式混合而成，有很好的装饰效果。

4. 古罗马的代表建筑

古罗马的建筑成就主要集中在"永恒之都"罗马城，简单而言，可以用罗马城里的万神庙、大角斗场和卡拉卡拉浴场作为代表。

（1）万神庙

万神庙是罗马圆形庙宇中最大的一个，也是现代建筑结构出现之前世界上跨度最大的建筑，至今保存得比较完整。神庙面对着广场，坐南朝北。神庙前广场上立着方尖碑，这是从埃及搬来的。万神庙平面为圆形，有一个 8 根科林斯柱式形成的门廊，如图 7.30、图 7.31 所示。

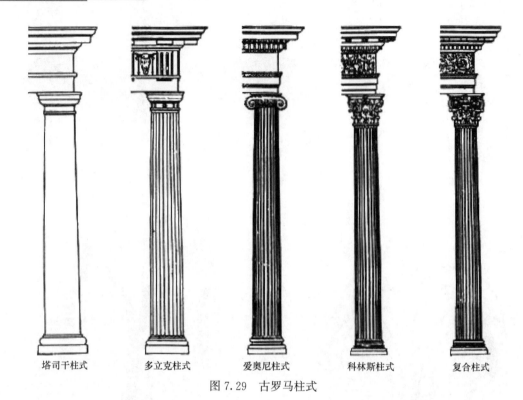

| 塔司干柱式 | 多立克柱式 | 爱奥尼柱式 | 科林斯柱式 | 复合柱式 |

图 7.29 古罗马柱式

图 7.30 万神庙外观

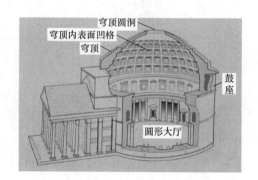

图 7.31 万神庙剖视图

　　万神庙的穹顶直径达 43.3m，顶端高度也是 43.3m。按照当时的观念，穹顶象征天宇，它中央开一个直径 8.9m 的圆洞，象征着神和人的世界联系，如图 7.32 所示。

　　穹顶由砖券和混凝土浇筑而成，为了减轻穹顶重量，越往上越薄，下部厚 5.9m，上部 1.5m。庞大的穹顶支撑在 6.2m 厚连续的混凝土墙上，墙内沿圆周有 8 个发券，其中 1 个是大门，7 个是壁龛，龛内放置神像。

　　万神庙的内部空间是单一的，穹顶被划分成均匀的凹格，连续不断，不分主次。凹格越往上越小，在圆形洞口射入的光线映衬下，穹顶呈现为饱满的半球形状。凹格与墙面划分形成的水平环，使四周构图连续统一，加强了空间的整体感、安定感。天光从中央圆洞射入，柔和朦胧，渲染出一种神秘而静谧的宗教气氛。

图 7.32 万神庙室内

（2）大角斗场

大角斗场，又称圆剧场，由两个半圆剧场面对面拼接起来。角斗场的形制脱胎于剧场，在意大利开始有椭圆形的角斗场。角斗场中央部分为演技场，它们专门用作角斗和斗兽之用。从建筑艺术、功能技术来看，罗马城里的科洛西姆大角斗场最为成功、壮观。

科洛西姆大角斗场如图 7.33 所示，其平面是椭圆形的，中央是表演区，四周是观众席。表演区长轴 86m，短轴 54m；观众席长轴 188m，短轴 156m，大约有 60 排座位，逐排升起，分为 5 区，前面一区是荣誉席，最后两区是下层群众的席位，中间是骑士等地位比较高的公民的席位，可容纳观众 5 万多人。大角斗场有 80 个出入口，出入口和楼梯都有编号，观众对号进入，顺着设在放射形墙垣间的楼梯到达对应的各层各区，人流集散互不干扰。

支承庞大观众席的是一些沿外圈回环的筒形拱和放射形排列的筒形拱，它们覆盖在 7 圈灰华石的墩子上，每圈 80 个柱。这种空间关系复杂却井井有条的结构处理使其结构面积仅占底层面积的 1/6，这在当时是很大的成就。

大角斗场的立面分 4 层，高 48.5m。下面 3 层用券廊，每层各有 80 个券洞，采用券柱式的连续构图，底层是雄伟有力的多立克柱式，第 2 层是秀丽的爱奥尼柱式，第 3 层是华美的科林斯柱式，第 4 层是实墙，装饰科林斯壁柱。立面上连续不断的券柱式为建筑带来了丰富的方圆、虚实和光影变化，而又使其浑然一体，不分主次，更显宏伟。

（3）卡拉卡拉浴场

公共浴场是罗马建筑中功能和空间最复杂的一种建筑类型。它兴起于希腊化时代，主要包含浴场和体育锻炼场所；公共浴场大发展是在罗马帝国时期，里面增加了演讲厅、音

(a) 罗马大角斗场现状外观

(b) 罗马大角斗场鸟瞰图

图 7.33　罗马大角斗场

乐堂、图书馆、交谊厅、画廊、商店、健身房等。

　　2—3 世纪时，仅罗马城就有大的浴场 11 个，小的达 800 多个，成为罗马人谈买卖、议政治和消磨时间的公共场所。其代表作是罗马城里的卡拉卡拉浴场，如图 7.34 所示。

　　卡拉卡拉浴场包括主体建筑与辅助建筑在内，占地尺寸为 575m×363m，主体建筑尺寸为 216m×122m，在这个对称的建筑物的中轴上，分布着冷水浴、温水浴和热水浴 3 个大厅，两侧为附属房间。浴场内功能完善，布局合理，重要大厅都有天然采光，设有集中供暖系统。此外浴场还设有图书馆、演讲室、健身房、商店等，锅炉房、仓库、仆役休息室等设在地下。浴场室内装饰华丽。

　　浴场的结构以温水浴大厅为核心，设横向 3 间十字拱与筒形拱相接，下面有柱墩，形成一整套的拱顶结构体系。热水浴用穹顶，直径 35m。十字拱的应用大大地改变了建筑内部空间，空间的大小、纵横、高矮交替变化，空间艺术十分丰富。空间的有效利用，使功

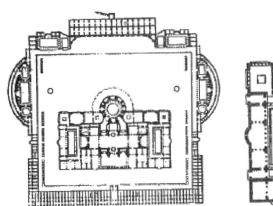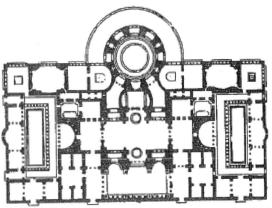

(a) 卡拉卡拉浴场总平面图和主体建筑平面图

(b) 卡拉卡拉浴场俯瞰复原图 　　　　　　　(c) 卡拉卡拉浴场内部复原图

(d) 卡拉卡拉浴场现状遗址

图 7.34　卡拉卡拉浴场

能的使用也十分有效，从各大厅的交通联系到自然采光都十分成功，是不可多得的建筑佳作。

卡拉卡拉浴场无论在使用功能上、结构上、空间组合上，都取得了相当高的成就。

思考题

一、选择题

1.（单选题）在公元前 3200 年左右，上埃及灭了下埃及，建立了统一的美尼斯王朝，历史上称为第一王朝。首都建于尼罗河下游的（　　）。

    A. 孟菲斯　　　　　B. 美尼斯　　　　　C. 玛斯塔巴　　　　　D. 萨卡拉

2.（单选题）第一座完全用石头建成的陵墓是萨卡拉的（　　）。

    A. 胡夫金字塔　　　B. 昭赛尔金字塔　　C. 哈佛拉金字塔　　D. 孟卡拉金字塔

3.（多选题）古埃及人在离首都开罗不远的吉萨造了第四王朝 3 位皇帝的 3 座相邻的大金字塔，形成一个完整的群体，它们是（　　）。

    A. 胡夫金字塔　　　　　　　　　B. 昭赛尔金字塔

    C. 哈佛拉金字塔　　　　　　　　D. 孟卡拉金字塔

    E. 依拉汗金字塔

4.（单选题）古埃及在中王朝迁都底比斯，这一带没有平坦的开阔地，只有悬崖峭壁，有的国王在这时也采用了（　　）的形制。

    A. 崖墓　　　　　　B. 陵墓　　　　　　C. 圣堂　　　　　　D. 石窟

5.（多选题）太阳神庙其实就是皇帝庙，在神庙中，规模最大的是（　　）阿蒙神庙。

    A. 卡纳克　　　　　　　　　　　B. 卢克索

    C. 曼都赫特普　　　　　　　　　D. 阿布辛贝

    E. 哈特什普苏庙

6.（单选题）（　　）色彩斑斓的饰面技术对后来的拜占庭建筑和伊斯兰建筑影响很大。

    A. 古埃及　　　　　B. 古希腊　　　　　C. 两河流域建筑　　D. 古罗马

7.（多选题）古希腊柱式包括（　　）。

    A. 多立克柱式　　　B. 爱奥尼柱式　　　C. 科林斯柱式

    D. 塔司干柱式　　　E. 复合柱式

8.（单选题）（　　）是罗马建筑最大的特色，也是最伟大的成就。

    A. 拱券技术　　　　B. 穹顶　　　　　　C. 券廊　　　　　　D. 集中供暖系统

二、判断题（对的打√，错的打×）

1. 古希腊柱式一般由檐部、柱子以及基座组成。　　　　　　　　　　　　　　（　　）

2. 罗马五柱式除了古希腊原有的多立克、爱奥尼、科林斯柱式外，还有古罗马人创造的塔司干和复合柱式。　　　　　　　　　　　　　　　　　　　　　　　　（　　）

3. 罗马城里的科洛西姆大角斗场是现代建筑结构出现之前世界上跨度最大的建筑。

                                               （　　）

4. 公共浴场是罗马建筑中功能和空间最复杂的一种建筑类型。它兴起于希腊化时代，

主要包含浴场和体育锻炼场所。　　　　　　　　　　　　　　　　　　（　　）

三、简答题

1. 简述古希腊柱式的特点。

2. 简述雅典卫城的布局特点。

3. 简述万神庙的特点。

4. 简述罗马大角斗场的建筑成就。

绘图实践题

请用 A4 绘图纸完成绘图实践。

1. 抄绘图 7.2 玛斯塔巴。

2. 抄绘图 7.19 柱式的组成。

3. 抄绘图 7.20 多立克、爱奥尼、科林斯柱式。

码 7-3　第 7 讲思考题参考答案

Chapter 08

第8讲

欧洲中世纪及文艺复兴时期的建筑

学习目标

知识目标：

1. 了解欧洲中世纪东西欧建筑的发展脉络，掌握拜占庭建筑的风格特征及其代表作，掌握西欧罗马风建筑、哥特式建筑的特点以及代表性建筑作品。

2. 了解文艺复兴时期建筑发展的历程，掌握文艺复兴建筑的特点、典型代表作品，了解文艺复兴建筑的代表人物，掌握巴洛克建筑的特点及代表作。

能力目标：

1. 能够简单分析欧洲中世纪及文艺复兴时期建筑的特点，对代表性作品进行赏析，能简单分析描述。

2. 能够提炼建筑中的经典元素，具备抄绘经典建筑的绘图能力。

3. 具备一定的建筑审美能力和审美情趣，能够鉴别不同时期的建筑风格。

思维导图

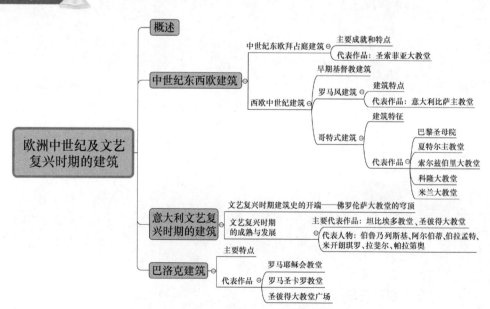

问题引入

图 8.1（a）、（b）、（c）分别为圣母百花大教堂、意大利比萨斜塔、罗马圣卡罗教堂，是欧洲中世纪及文艺复兴时期的代表建筑，一起来了解这些建筑背后的故事和不同时期的建筑风格吧。

(a) 圣母百花大教堂(也称佛罗伦萨大教堂)

(b) 意大利比萨斜塔

(c) 罗马圣卡罗教堂

图 8.1　欧洲中世纪及文艺复兴时期的代表建筑

8.1　概述

395 年，古罗马帝国分裂为东西两个帝国。西部以罗马为中心，称西罗马帝国；东部以君士坦丁堡为中心，称东罗马帝国，又称拜占庭帝国。

从 4 世纪中叶西罗马帝国灭亡到 15 世纪资本主义萌芽诞生（即文艺复兴）开始的这

段长达一千年的时期，称为中世纪。

这一时期，宗教占有相当重要的地位，因此宗教建筑在这时期的建筑中具有最突出的意义。教堂建筑的形式主要有四种风格：一是早期的基督教式建筑，二是拜占庭式建筑，三是"罗马风"式建筑，四是以法国为主的哥特式建筑。

15—17世纪，欧洲兴起了文艺复兴运动，最早在意大利的佛罗伦萨、热那亚、威尼斯等地区产生了资本主义萌芽。新兴资产阶级为了巩固和发展资本主义生产关系，以恢复古典文学艺术的名义，发起了"文艺复兴运动"，要求在思想上摆脱封建主义的束缚，要求尊重人，给予人个性自由和人身自由，肯定人生，焕发对生活的热情，争取个人在现实世界中的全面发展，人文主义思想抬头，在建筑上则表现为古典风格的复活。文艺复兴时期古典建筑发展到了一个新的水平，在建筑类型、建筑艺术、建筑技术等方面都取得了杰出的成就。

8.2 中世纪东西欧建筑

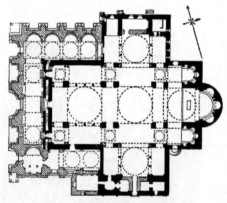

图8.2 集中式建筑形制示意图

欧洲中世纪封建分裂状态和教会的统治，使中世纪的建筑产生了东欧和西欧两大建筑体系，东欧建筑以拜占庭建筑为核心，发展了古罗马的穹顶结构、集中式形制（图8.2）；西欧则是以罗马风和哥特式建筑为主，延续了古罗马的拱顶结构、巴西利卡建筑形制（图8.3、图8.4），巴西利卡是古罗马时代一种用作法庭、交易所与会场的大厅型建筑。

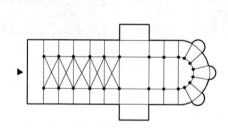

图8.3 巴西利卡建筑形制平面图

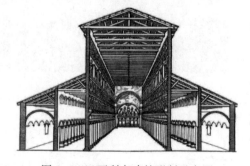

图8.4 巴西利卡建筑形制示意图

码8-1 拜占庭建筑之美

1. 中世纪东欧拜占庭建筑

拜占庭的文化受古希腊影响很大，因为它曾经是古希腊的殖民地。拜占庭帝国还和东方各国，如伊朗、阿拉伯、印度、中国都进行过广泛的贸易，在建筑上也表现出受东方的影响。6世纪查士丁尼大帝时期，国力最盛，到 7 世纪时渐弱。1453 年，拜占庭帝国被土耳其所灭。

拜占庭的建筑是在东西方成就的基础上发展起来的，出现了大量的城市、道路、宫殿、跑马场和东正教教堂，形成了自己独特的建筑体系，并对后期俄罗斯的教堂建筑、伊斯兰教的清真寺等都产生了积极的影响。

（1）主要成就和特点

拜占庭建筑的主要成就是创造了把穹顶支撑在 4 个或者更多个独立支柱上的结构方法和相应的集中式建筑形制。这种建筑形制在教堂建筑中发展比较成熟，对后世影响较大。拜占庭建筑的特点主要表现在以下几个方面：

第一是屋顶造型，普遍使用"穹窿顶"。

第二是集中式建筑形制。拜占庭建筑的构图中心，往往是体量既高又大的圆穹顶，围绕这一中心部件，周围又常常有序地设置一些与之协调的小部件。

第三是"帆拱"结构。帆拱使建筑方圆过渡自然，又扩大了穹顶下空间，是拜占庭建筑最具特色之处。其典型作法是在方形平面的四边发券，在四个券之间砌筑以对角线为直径的穹顶，仿佛一个完整的穹顶在四边被发券切割而成，它的重量完全由四个券承担，从而使内部空间获得了极大的自由；再在四个券的顶点之上做水平切口，水平切口所余下的四个球面三角形部分，称为帆拱（图 8.5）。在这切口之上再砌半圆形的穹顶。后来进一步发展，先在水平切口之上砌一段圆筒形的鼓座，穹顶再砌在鼓座上，使穹顶的标志作用更加突出，如图 8.6 所示。

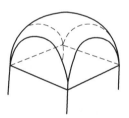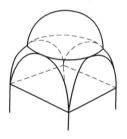

图 8.5　帆拱示意图

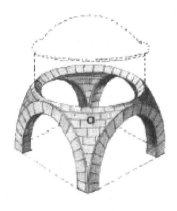

(a) 示意图

(b) 示例

图 8.6　帆拱与鼓座

第四是灿烂夺目的装饰艺术。拜占庭建筑内部装饰色彩斑斓、灿烂夺目，在帆拱、柱头、檐口等有十分精美的石雕艺术。从公元 5 世纪起，拜占庭建筑开始采用马赛克镶嵌画和壁画等处进行装饰，后来逐渐成为主要的装饰手段。马赛克壁画和粉画的题材多为宗教故事、人物、动物、植物等。意大利圣维达来大教堂的马赛克彩色镶嵌（图 8.7）是拜占庭建筑装饰艺术的代表作。石雕的题材是几何图案或植物等，如图 8.8 所示。

图 8.7　意大利圣维达来大教堂的室内马赛克装饰

图 8.8　帆拱、柱头雕刻装饰

（2）代表作品：圣索菲亚大教堂

拜占庭建筑最光辉的代表是首都君士坦丁堡的圣索菲亚大教堂（532—537 年，建筑师均是小亚细亚人）（图 8.9）。它是东正教的中心教堂，是皇帝举行重要仪典的场所。它离海很近，四方来的船只远远就能望见，是拜占庭帝国极盛时代的纪念碑。

圣索菲亚教堂是典型的以穹顶大厅为中心的集中式建筑，东西长 77.0m，南北长71.7m。前面有两跨进深的廊子，供望道者使用。廊子前面原来有一个院子，周围环着柱廊，中央是施洗的水池。中央穹顶突出，四面体量相仿但有侧重，前面有一个大院子，正南入口有两道门庭，末端有半圆神龛。

圣索菲亚大教堂的主要特色是关系明确、层次井然的结构体系。教堂正中是直径 32.6m、高 15m 的穹顶，有 40 个肋，通过帆拱架在 4 个 7.6m 宽的墩子上。教堂平面呈矩形，结构重量全由柱墩承担，室内空间开敞而连贯，各穹隆和拱顶下的空间大小高低依次排列，主次分明，流转贯通。

(a) 远眺图

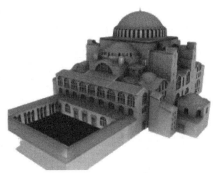

(b) 复原想象图

图 8.9　圣索菲亚大教堂

圣索菲亚大教堂的特点还有：空间层次丰富，集中统一又曲折多变（图 8.10）。东西两侧步步扩展的小空间和南北两侧柱廊划分的空间增加了空间层次和变化；它们又与中央部分相通，突出了中央穹顶的统率地位，集中统一。穹顶底部密排着 1 圈 40 个窗洞，将自然光线引入教堂，使整个空间变得飘忽、轻盈而又神奇，增加了宗教气氛，如图 8.11 所示。

教堂内部装饰绚丽夺目（图 8.11），柱墩和内墙面用白、绿、黑、红等彩色大理石拼成各种图案，柱子多为深绿色，少数为深红色，柱头为白色，镶以金箔，穹顶和拱顶以金色为底（局部以蓝色为底），镶嵌马赛克，地面上也用马赛克铺装。

圣索菲亚大教堂的建造动用了约 1 万名工匠，耗资 14.5 万 kg 黄金，耗竭了国库。多才多艺又热爱建筑学的查士丁尼大帝经常往工地上跑，工程进度很快，只用了 5 年 10 个月就建成了。

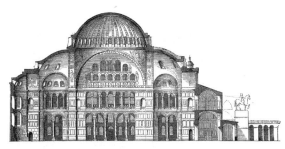

(a) 立面图

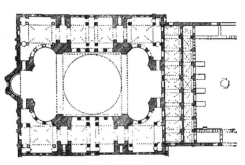

(b) 首层平面图

图 8.10　圣索菲亚大教堂立面图和首层平面图

图 8.11　圣索菲亚大教堂的装饰

2. 西欧中世纪建筑

西欧中世纪的建筑大体上分为三个时期：479 年—10 世纪，为早期基督教建筑时期；10—12 世纪，为"罗马风"建筑时期；12—15 世纪，为以法国为中心的哥特式建筑时期。

（1）早期基督教建筑

典型的教堂形制由罗马的巴西利卡（图 8.4、图 8.12）发展而来。巴西利卡是古罗马的一种公共建筑形式，巴西利卡这个词来源于希腊语，原意是"王者之厅"的意思，是大都市里作为法庭或者大商场的豪华建筑。现存的巴西利卡式教堂中，最早也是最有名的是在巴勒斯坦的耶稣降生处原址上，由最早皈依基督教的君士坦丁皇帝建造的圣诞大教堂（图 8.13）。

图 8.12　巴西利卡教堂的内景

图 8.13　圣诞大教堂

早期的教堂除了有巴西利卡式之外，还有两种形制：集中式和十字式。集中式教堂的布局不像巴西利卡式那样的一个长方形的大厅，而是一个圆形大厅。中央部分是一个大的穹窿，周围是 1 圈回廊。最早的集中式教堂已不存在。现存最著名的集中式教堂在罗马，是 13 世纪在君士坦丁女儿的墓上改建的圣康斯坦齐亚教堂（图 8.14）。

(a) 外观

(b) 教堂内部

图 8.14　圣康斯坦齐亚教堂

十字式，顾名思义其布局不像集中式那样是圆，而是一个十字，之所以采取这样的布局可能和基督教对十字架的崇拜有关系。罗马帝国中央的大厅仍然以一个穹窿为主体，但大厅往四周各伸出一个矮矮的"翼廊"。在帝国东部，4 个翼廊的大小是一样的；在帝国西部，则有一个翼廊长一些。后世分别称之为"希腊十字"和"拉丁十字"。

图 8.15 是现存最早的十字式教堂——罗马善良的牧羊人加拉普拉契狄亚陵寝（5 世纪），从外部看似乎是四方的中厅，但里面是一个穹窿。

码 8-2　罗马式建筑与哥特式建筑

图 8.15 现存最早的十字式教堂——罗马加
拉普拉契狄亚陵寝

（2）罗马风建筑

1）建筑特点

西欧教堂在继承初期基督教教堂拉丁十字式形制的基础上，从 10 世纪起，采用古罗马建筑的传统拱券结构，如半圆拱、十字拱等，有时也采用简化的古典柱式和细部装饰，被称为罗马风建筑。经过长期的发展演变，逐渐用拱顶取代了初期基督教堂的木结构屋顶，采用骨架券代替厚拱顶，减轻了结构自重，由此产生了扶壁、肋骨拱。

由此形成了罗马风建筑的典型特征：面向城市的西立面成为主要立面，常常在西面建一对钟塔；墙体巨大厚重，常用连续小券做装饰带，门窗洞口抹成八字，排上一层层线脚，以减轻墙垣的笨重感；中厅内大小柱交替，由于窗口窄小，在内部空间形成阴暗神秘的气氛。

2）代表作品：意大利比萨主教堂

罗马风建筑的著名实例是意大利的比萨主教堂建筑群（11—13 世纪，图 8.16），它是意大利罗马风建筑的主要代表，包括教堂、钟塔、洗礼堂等。洗礼堂位于教堂前面，与教

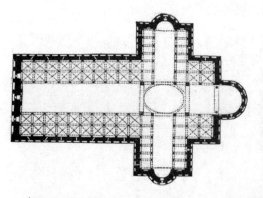

（a）意大利比萨主教堂平面示意图及正立面

（b）比萨主教堂建筑群　　　（c）比萨主教堂钟塔　　　（d）比萨主教堂洗礼堂

图 8.16　意大利比萨主教堂

堂处于同一条中轴线上；钟塔在教堂的东南侧，其形状与洗礼堂不同，但体量正好与它平衡。3 座建筑的外墙都是用白色与红色相间的云石砌成，墙面饰有同样的层叠的半圆形连列券，形成统一的构图。

特别值得一提的是钟塔（图 8.16c），高 50 余米，直径 15.8m，因地基关系倾斜得很厉害，顶中心垂直线距底中心有 4 余米，故有斜塔之称。由于它的基础在第 2 层刚建成时就开始向一边下沉，建造者无法纠正倾斜，到第 4 层时不得不停了下来。60 年以后，倾斜没有增加，于是又加了 3 层，高度达 45m。顶层的钟楼到 1350 年才建成。

（3）哥特式建筑

最早的哥特式是从罗马风自然地演变过来的，如对罗马式十字拱的继承和发展。"哥特"本是欧洲一个半开化的民族——哥特族的名称，他们原是游牧民族。哥特式建筑在 11 世纪下半叶起源于法国，是 13—15 世纪流行于欧洲的一种建筑风格，也影响到一些世俗建筑。哥特式建筑创造了新的建筑形制和结构体系，在建筑史上占有重要的地位，同时也形成了自身强烈的风格，以尖券、尖形肋骨拱顶、坡度很大的两坡屋面和教堂中的钟楼、扶壁、束柱等为其特点，具有强烈的向高空升腾之感，形成空灵、纤瘦、高耸、尖峭的风格特征。

1）建筑特征

建筑特征包括结构特征、内部空间特征、外部特征。

① 结构特征

a. 使用骨架券作为拱顶的承重构件。十字拱成了框架式的，其余的填充围护部分减薄到 25～30cm，拱顶重量大为减轻，节省了材料，侧推力也小多了，垂直承重的墩子也就细了。骨架券使各种形状复杂的平面都可以用拱顶覆盖，祭坛外环廊和小礼拜室拱顶的技术困难迎刃而解。巴黎的圣德尼教堂第一个采用骨架券（图 8.17），轰动一时，它的工匠被各处争相延聘，对新结构的推广起了重要的作用。

图 8.17　巴黎圣德尼教堂
圣坛平面示意图

b. 飞扶壁是哥特式建筑特有的，它是一种独立的飞券。两侧凌空的飞扶壁，将拱顶的侧推力直接传到侧廊外侧的墙垛上，侧廊外墙卸去荷载而设置大窗户，同时因侧廊降低中厅，也可以开高侧窗，如图 8.18 所示。

c. 全部使用两圆心的尖券和尖拱。很明显尖拱（图 8.19）可以使承受到的重量更快地向下传递。这样一来，侧向的外推力就减小了，整个建筑更容易建成竖长的样子，在垂直的方向上也能建得更高。图 8.20 为法国亚眠大教堂的中厅，建于公元 13 世纪，高度为 43m。尖拱本身也给人以往上冲的印象。

② 内部空间特征

a. 中厅窄而长。

b. 中厅很高，一般都在 30m 以上，在狭长、窄高的空间里，长排的柱子引向圣坛，给人以神秘感。

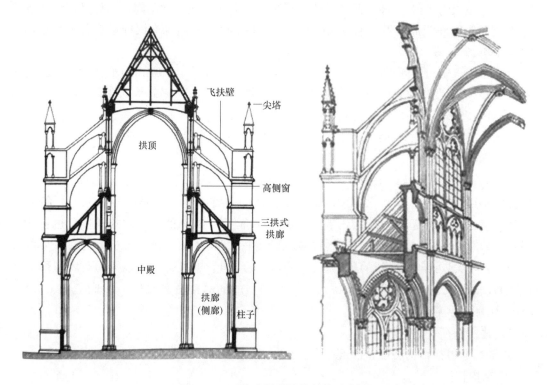

图 8.18　哥特式教堂建筑结构示意图

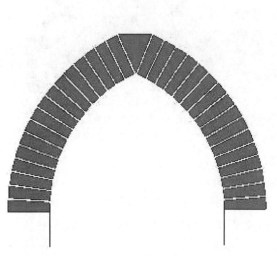

图 8.19　尖拱示意图

图 8.20　法国亚眠大教堂中厅

　　c. 窗是哥特式教堂最有表现力的装饰部位，窗的面积很大，采用彩色玻璃将新约的故事做成连环画镶在窗上。光线透过五颜六色、金碧辉煌的窗户，增加了教堂的宗教气氛，如图 8.21 所示。

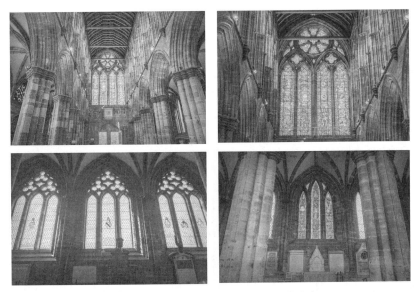

图 8.21 格拉斯哥大教堂里的彩色玻璃窗

③ 外部特征

a. 整个教堂处处表现出向上的动势。架空的飞券和垂直的墩子等，整个外形充满着直冲云霄的升腾感。

b. 西立面的典型构图为一对有很高尖顶的塔夹着中厅的山墙，垂直分为三部分。水平方向利用栏杆、雕像等，也划分为三部分。西立面上部是连续的尖券。中央是圆形玫瑰窗，象征天堂。下面是三座门洞，都有周圈的几层线脚，线脚上刻着成串的圣像，形成透视感，如图 8.22 所示。

图 8.22 亚眠大教堂正立面

2）代表作品

① 巴黎圣母院

巴黎圣母院（图 8.23）位于巴黎市中心城区，建于 1163—1250 年，是法国早期哥特式建筑的一个典型实例。教堂平面宽约 47m，长约 130m。正门朝西，有一对高 60 余米的塔楼，粗壮的墩子把立面分为 3 段，两条水平雕饰把 3 段联系起来。正中是一个直径 13m 的圆形玫瑰窗，两侧是尖券形窗；下部是 3 座逐渐内缩的尖券门。在屋顶中部屹立着离地高达 90m 的尖塔与前面的那对塔楼，在狭窄的城市街道上举目可见，表现了哥特式教堂独特的风格。教堂两侧的大玻璃窗是重要的装饰部位，彩色玻璃窗花达到极高的艺术水平。

(a) 巴黎圣母院西立面

(b) 巴黎圣母院正中央

(c) 巴黎圣母院外景

(d) 巴黎圣母院彩窗

图 8.23　巴黎圣母院

② 夏特尔主教堂

夏特尔主教堂（图 8.24）位于法国巴黎西南约 70km 处的沙特尔市，建于 1194—1260 年，主教堂的正立面与巴黎圣母院不同，两座钟塔上部有很高的尖顶，是这座教堂的显著特征。北塔完成的时间要比南塔迟 400 年，因此形式迥异，北塔直到 1514 年才最终完成，是欧洲最美丽的钟塔之一。教堂的外观及内部的尖拱结构简练，具有强烈的向上升腾之感。

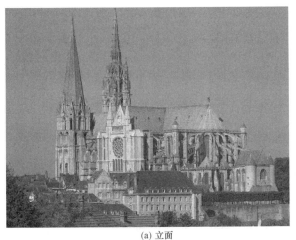

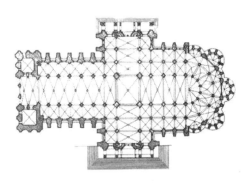

(a) 立面　　　　　　　　　　(b) 平面图

图 8.24　夏特尔主教堂

③ 索尔兹伯里大教堂

索尔兹伯里大教堂（1220—1258 年）（图 8.25）是英国哥特式教堂的典型实例。其周围环境开阔，平面呈双十字形，主厅瘦长，东端的圣龛部分呈长方形，西面入口有一对不显著的钟塔。教堂中部的塔楼非常突出，高达 123m，成为教堂的主要标志。在教堂的西南面有一个修道院，与教堂连成一个整体，这是英国大教堂常用的手法。

(a) 外景　　　　　　　　　　(b) 中厅

图 8.25　索尔兹伯里大教堂

④ 科隆大教堂

科隆大教堂（图 8.26）位于德国科隆，始建于 1248 年，几经波折于 1880 年完成，是欧洲北部最大的哥特式教堂。其平面尺寸为 143m×84m，西面一对八角形塔楼高达 157m，教堂外布满雕刻与小尖塔等装饰，清奇冷峻，向上的动势强烈。教堂中厅宽 12.6m、高 46m。教堂四壁全部为描绘圣经人物的彩色玻璃窗，给人一种神秘天国的幻觉。

(a) 外景

(b) 教堂内景

图 8.26   德国科隆大教堂

⑤ 米兰大教堂

米兰大教堂（图 8.27）是意大利最著名的哥特式教堂，1386 年开工建造，1897 年完工。米兰大教堂最接近法国哥特式教堂的风格，是欧洲中世纪最大的教堂，内部空间宽阔，大厅宽 59m。它仍保留了巴西利卡式的特点，外形雕刻精致。虽有 135 个尖塔像树林一样刺向天空，但向上感不强。这是因为中央通廊虽高 45m，但侧通廊也有 37.5m。由于工程装饰复杂，直到 19 世纪拿破仑时代才全部完工。

(a) 外景

(b) 教堂内景

图 8.27   米兰大教堂

8.3   意大利文艺复兴时期的建筑

14—15 世纪，在意大利的佛罗伦萨、热那亚、威尼斯等地区产生了资产阶级，包括工业家、银行家、商人。他们轻视神的学说，主张首先要认识人和自然界，逐渐产生了文艺复兴，开启了"人文主义"的新思潮。要求在思想上摆脱封建主义的束缚，要求尊重人，给予人个性自由和人身自由，肯定人生，焕发对生活的热情，争取个人在现实世界中的全面发展。意大利的早期文艺复兴，打破禁锢人心的封建愚昧，在 14—17 世纪的西欧各国得到了广泛传播和高度发展，促使建筑也进入一个大发展的时期。

1. 文艺复兴时期建筑史的开端——佛罗伦萨大教堂的穹顶

佛罗伦萨大教堂（又名圣母百花大教堂）（图 8.28）穹顶的建造，标志着意大利文艺复兴建筑史的开端。它的设计和建造过程、技术成就和艺术特色，都体现着新时代的进取精神。

佛罗伦萨大教堂是 13 世纪留下来未完成的建筑物，剩下一个八角形平面的大屋顶无法建造。直到 1420 年采用了伯鲁乃列斯基的设计。他在穹窿顶的下面加上一个 12m 高的八角鼓形座。大穹窿顶的内径 44m，穹窿本身高 30 多米，从外面看去，像是半个椭圆，以长轴向上，成为城市的外部标志，如图 8.29、图 8.30 所示。

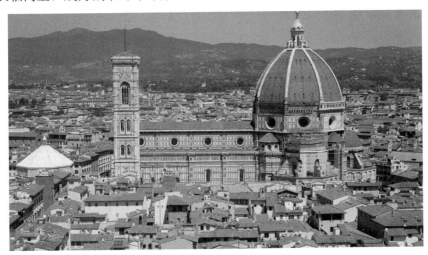

码 8-3　文艺复兴的春天——圣母百花大教堂

图 8.28　佛罗伦萨大教堂

图 8.29　佛罗伦萨大教堂穹顶

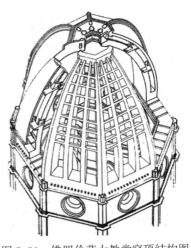

图 8.30　佛罗伦萨大教堂穹顶结构图

　　为了设计穹顶，伯鲁乃列斯基前往罗马，潜心钻研古代的拱券技术，测绘古代遗迹，制定了详细的结构和施工方案，还针对风力、暴风雨和地震制定了相应的处理措施。穹窿的结构采用哥特式的骨架券，一共有 8 个大肋和 16 个小肋。在肋架之间还有横向的联系。在穹窿的尖顶上，建造了一个很精致的八角形亭子。该亭子结合了哥特式手法和古典的形式。

　　在中世纪天主教教堂建筑中，从来不允许用穹窿顶作为建筑构图的主题，因为教会认为这是罗马异教徒庙宇的手法。而伯鲁乃列斯基不顾教会的这个禁忌把穹窿抬得高高的，成为整个建筑物最突出的部分。

　　伯鲁乃列斯基亲自指导了穹窿顶的施工，他采用了伊斯兰教建筑叠涩的砌法，这在当时是非常惊人的技术成就。脚手架技术在穹顶的高空作业中发挥了重要作用，据记载，脚手架搭得十分简洁，很省木材，然而又很适用，为了节约工人们上下的时间，甚至在上面设了小吃部，供应食物和酒。

　　其次，伯鲁乃列斯基创造了一种垂直运输机械，利用了平衡锤和滑轮组，用 1 头牛就可以做 6 对牛的功。得益于这些施工技术，整个工程仅用了十几年时间就完工了。

　　佛罗伦萨大教堂的穹顶被认为是意大利文艺复兴建筑的第一朵报春花，标志着意大利文艺复兴建筑史的开始。

2. 文艺复兴时期建筑的成熟与发展

　　15 世纪，随着西欧经济的进步繁荣，一些人文主义学者、艺术家、建筑师来到罗马，给罗马的建设增加了活力，罗马成了新的文化中心，文艺复兴运动达到了盛期。

　　这时期的建筑，更广泛地吸收了古罗马建筑的精髓，在建筑刚劲、轴线构图、庄严肃穆的风格上，创造出更富性格的建筑物。由于教廷从法国迁回罗马，这个时期的建筑创作作品，主要集中在教堂、梵蒂冈宫、枢密院、教廷贵族的府邸等宗教及公共建筑上。

　　（1）主要代表作品

　　盛期文艺复兴建筑的典型代表是罗马的坦比埃多教堂（图 8.31），设计人为伯拉孟特。这座神堂平面为圆形，直径 6.1m，它的特色主要在外立面，集中式的形体，内为圆柱形的建筑，外围 16 棵多立克式柱，构成圆形外廊，柱高为 3.6m。圆柱建筑的上部有鼓座、穹顶及十字架，总高度为 14.7m。这座建筑物的成功之处在于：建筑物的体量虽然较小，但它非常有层次，有虚实的变化，体积感很强；建筑物从上到下相互呼应，完整性很强。这座穹顶统率整体的集中式形制，看上去毫无多余之笔，标志着意大利文艺复兴建筑的成熟。

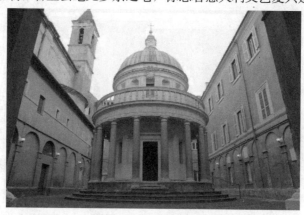

图 8.31　坦比埃多教堂

　　文艺复兴时期的教堂，还有折中式（纵向布局＋集中式穹顶）的形制，如圣彼得大教堂（图 8.32），圣彼得大教堂代表了 16 世纪意大利建筑、结构和施工的最高成就，是意大利文艺复兴建筑最伟大的纪念碑。在长达 120 年的建造期间内（1506—1626 年），罗马最优秀的建筑师都曾经主持或参与过圣彼得大教堂的营造，它凝聚了几代著名匠师的智慧。1505 年任命的首任设计总监是多纳托·伯拉孟特，1514 年拉斐尔被委任为设计总监，之后的设计总监分别是 1538 年的小安东尼奥·达·桑加罗和 1547 年的米开朗琪罗。1626 年11 月 18 日圣彼得大教堂正式宣告落成。

(a) 教堂远眺　　　　(b) 教堂内部　　　　(c) 教堂正面

图 8.32　圣彼得大教堂

　　圣彼得大教堂位于梵蒂冈，是现在世界上最大的教堂，总面积 2.3 万 m^2，主体建筑高 45.4m，长约 211m，最多可容纳近 6 万人同时祈祷。大教堂的外观宏伟壮丽，正面宽115m，高 45m，以中线为轴两边对称，8 根圆柱对称立在中间，4 根方柱排在两侧，柱间有 5 扇大门，2 层楼上有 3 个阳台，中间的一个叫祝福阳台，平日里阳台的门关着，重大的宗教节日时教皇会在祝福阳台上露面，为前来的教徒祝福。教堂内部装饰华丽，大殿内有很多巨大的雕像和浮雕，大殿的左右两边是一个接一个的小的殿堂，每个小殿内都装饰着壁画、浮雕和雕像，最著名的是米开朗琪罗的圣母哀痛雕像和一座圣彼得的青铜塑像。

　　（2）代表人物

　　文艺复兴时期的建筑领域，活跃着许多建筑巨匠，可谓群星璀璨。他们的创作活动披荆斩棘，焕发出创造新的建筑文化的热情。

　　伯鲁乃列斯基（1377—1446 年）是意大利文艺复兴早期的建筑大师，主要在佛罗伦萨生活和工作。佛罗伦萨大教堂穹顶的设计使他一举成名，后又建造了佛罗伦萨育婴院、巴齐礼拜堂和多所教堂（图 8.33）。

　　阿尔伯蒂（1404—1472 年）是意大利文艺复兴时期重要的建筑师、诗人。他于 1485年出版的《论建筑》是意大利文艺复兴时期最重要的建筑理论著作。他设计的圣玛丽亚大教堂（图 8.34）成为文艺复兴时期的建筑典范。

　　伯拉孟特（1444—1514 年）是意大利文艺复兴时期最有影响力的建筑师之一。伯拉孟特本是画家，早期在米兰从事建筑工作，代表作品有坦比哀多、梵蒂冈宫、拉斐尔府邸（图 8.35）等。

(a) 巴齐礼拜堂

(b) 佛罗伦萨育婴院

图 8.33　伯鲁乃列斯基作品

图 8.34　圣玛丽亚大教堂（阿尔伯蒂作品）

图 8.35　拉斐尔府邸（伯拉孟特作品）

　　米开朗琪罗（1475—1564 年）是意大利文艺复兴时期最伟大的雕塑家、建筑师。米开朗琪罗设计的建筑物大都极富创造力，他善于把雕刻同建筑结合起来。其主要作品有：

劳仑齐阿纳图书馆（图8.36）、美狄奇家庙、罗马卡比多山市政广场、圣彼得大教堂等。

　　拉斐尔（1483—1520年）是意大利文艺复兴时期画家、建筑师。1508年，拉斐尔为梵蒂冈宫绘制大型壁画《雅典学院》（图8.37），描绘了一座想象中的带有巨大穹顶的古希腊建筑。佛罗伦萨的潘道菲尼府邸是拉斐尔的代表作之一。

　　帕拉第奥（1508—1580年）是意大利文艺复兴晚期的建筑大师。1570年，他出版了《建筑四书》一书，论述了古希腊古罗马建筑的构图比例等；"帕拉第奥母题"式的柱廊更是被后世广为仿效。他设计的圆厅别墅是晚期文艺复兴庄园府邸的代表作（图8.38）。

图 8.36　劳仑齐阿纳图书馆（米开朗琪罗作品）

图 8.37　拉斐尔的大型壁画《雅典学院》

图 8.38　圆厅别墅（帕拉第奥作品）

8.4　巴洛克建筑

　　巴洛克建筑风格诞生于17世纪的意大利，它是在晚期文艺复兴古典建筑的基础上发展起来的。由于当时刻板的古典建筑教条已使创作受到了束缚，加上社会财富的集中，需要在建筑上有新的表现。因此，首先在教堂与宫廷建筑中发展出巴洛克建筑风格。这种风格很快在欧洲流行起来。巴洛克建筑风格的特征是大量应用自由曲线的形体，追求动态；强烈的装饰、雕刻与色彩；常用互相穿插着的曲面与圆形空间。

　　巴洛克一词的原意是"畸形的珍珠"，有扭曲、不规整、奇异古怪之意，后衍义为矫揉造作、拙劣虚伪。因为古典主义者对巴洛克建筑风格离经叛道的行径深表不满，于是给了它这种称呼，并一直沿用至今。

1. 主要特点

巴洛克建筑风格的基调是新奇欢畅、自由奔放，其主要特征包括以下方面：

（1）炫耀财富。装饰富丽堂皇，常常大量采用贵重的材料、精细的加工、刻意的装饰，以显示其富有与高贵。

（2）标新立异。它突破了传统建筑的构图法则，大量应用自由曲线的形体，常常穿插S形、波浪形的曲面和椭圆形空间，极力强调运动。

（3）趋向自然。巴洛克流派兴建了许多郊外别墅，建筑趋于开敞，园林艺术及城市广场有所发展，装饰题材常常是自然主义的。

2. 代表作品

16世纪末到17世纪，在罗马掀起了一个新的建筑高潮，兴建了一大批中小型天主教堂、城市广场和花园别墅，它们是巴洛克风格的代表性建筑。

（1）罗马耶稣会教堂

意大利文艺复兴晚期著名建筑师和建筑理论家维尼奥拉设计的罗马耶稣会教堂是由样式主义向巴洛克风格过渡的代表作，也有人称之为第一座巴洛克建筑。

罗马耶稣会教堂平面为长方形，采用巴西利卡形制，立面壁柱两个一组，入口上方山花处理成双重，二层两侧设对称的大卷涡，如图8.39所示。这些处理手法别开生面，后来被广泛仿效。

（2）罗马圣卡罗教堂

罗马圣卡罗教堂由波洛米尼设计，是晚期巴洛克教堂的代表作。它的殿堂平面近似橄榄形，周围有一些不规则的小祈祷室以及生活庭院，教堂正立面分上下两层，中央凸起，左右两边凹进，形成起伏很大的波浪形曲面，动感强烈，光影变化丰富，如图8.40所示。

图8.39 罗马耶稣会教堂

图8.40 罗马圣卡罗教堂

（3）圣彼得大教堂广场

1655—1667 年，教廷总建筑师伯尼尼受教皇之托在梵蒂冈圣彼得大教堂前修建一个与教堂雄伟气派相称的广场。广场以教堂前 1586 年竖立的一座重达 440 多吨的方尖碑为中心形成一个长轴为 195m、短轴为 142m 的椭圆形平面，广场周围被 284 根塔司干柱子组成的柱廊环绕着，柱子密密层层，光影变化强烈。柱廊顶上共有 140 多座圣经人物塑像，使广场的气氛更为生动（图 8.41）。

(a) 圣彼得大教堂广场俯瞰图

(b) 圣彼得大教堂广场手绘

图 8.41　圣彼得大教堂广场

思考题

一、选择题

1.（单选题）中世纪东欧建筑以（   ）建筑为核心，发展了古罗马的穹顶结构、集中式形制。

A. 拜占庭   B. 罗马风建筑   C. 哥特式建筑   D. 巴洛克建筑

2.（多选题）中世纪西欧建筑以（   ）建筑为主，延续了古罗马的拱顶结构、巴西利卡形制。

A. 拜占庭   B. 罗马风建筑

C. 哥特式建筑   D. 巴洛克建筑

E. 洛可可建筑

3.（多选题）拜占庭建筑的主要特点为（   ）。

A. 普遍使用"穹窿顶"   B. 集中式建筑形制

C. 有最具特色的"帆拱"结构   D. 灿烂夺目的装饰艺术

E. 标新立异，追求新奇

4.（单选题）拜占庭建筑最光辉的代表是（   ），它是东正教的中心教堂。

A. 巴西利卡教堂   B. 圣索菲亚大教堂

C. 圣诞大教堂   D. 圣康斯坦齐亚教堂

5.（单选题）罗马风建筑的代表作品意大利比萨主教堂，它的斜塔是（   ）。

A. 钟塔   B. 洗礼堂   C. 主教堂   D. 圣坛

6.（多选题）哥特式建筑的结构特征包括（   ）。

A. 使用骨架券作为拱顶的承重构件   B. 使用飞券

C. 全部使用两圆心的尖券和尖拱   D. 普遍使用"穹窿顶"

E. 大量使用自由的曲线

7.（单选题）文艺复兴时期建筑史的开端是（   ）。

A. 佛罗伦萨主教堂的穹顶   B. 坦比埃多教堂的圆顶

C. 圣彼得大教堂   D. 巴齐礼拜堂

8.（多选题）巴洛克建筑的主要特点为（   ）。

A. 炫耀财富   B. 标新立异

C. 趋向自然   D. 表达出世俗的情趣

E. 集中式建筑形制

二、判断题（对的打√，错的打×）

1. 巴洛克一词原意是畸形的珍珠，有扭曲、不规整、奇异古怪之意，后衍义为矫揉造作、拙劣虚伪。（   ）

2. 布鲁奈列斯基于1485年出版的《论建筑》是意大利文艺复兴时期最重要的建筑理论著作。（   ）

3. 科隆大教堂是意大利最著名的哥特式教堂。（   ）

4. 米开朗琪罗是意大利文艺复兴时期最伟大的雕塑家、建筑师。他设计的建筑物大都极富创造力。他善于把雕刻同建筑结合起来。（   ）

三、简答题

1. 简述拜占庭建筑的主要成就和特点。
2. 简述帆拱的作用。
3. 简述哥特式建筑的结构特点。
4. 简述巴洛克建筑的主要特点。

绘图实践题

请用 A4 绘图纸完成绘图实践。

1. 抄绘图 8.18 哥特式教堂建筑结构示意图。
2. 抄绘图 8.30 佛罗伦萨大教堂穹顶结构图。

码 8-4　第 8 讲思考题参考答案

第**9**讲

Chapter **09**

法国古典主义建筑与18世纪—19世纪下半叶欧洲的建筑

 **学习目标**

知识目标：

1. 了解法国古典主义建筑及洛可可建筑产生的背景；掌握法国古典主义建筑风格和洛可可风格的主要特征及代表作品；

2. 理解工业革命对建筑发展的影响；

3. 掌握3种建筑复古思潮，即古典复兴主义、浪漫主义、折中主义；了解新材料、新技术在建筑中的应用和新类型的出现。

能力目标：

1. 能分析法国古典主义建筑风格和洛可可风格的主要特征及代表作品。

2. 能描述古典复兴主义、浪漫主义、折中主义作品的特征。

思维导图

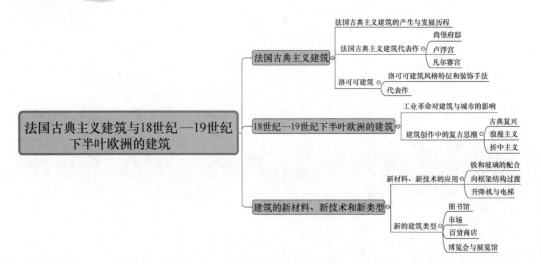

问题引入

卢浮宫为法国古典主义建筑实例（图 9.1a）；埃菲尔铁塔（图 9.1b）成为 1889 年巴黎世界博览会的中心。

(a) 卢浮宫

(b) 埃菲尔铁塔

图 9.1　法国巴黎卢浮宫和埃菲尔铁塔

9.1　法国古典主义建筑

法国古典主义建筑与意大利巴洛克建筑大致同时而略晚，17 世纪，法国的古典主义建筑成了欧洲建筑发展的又一个主流。17 世纪中叶，法国成为欧洲最强大的中央集权王国。国王为了巩固君主专制，提倡象征中央集权的有组织、有秩序的古典主义文化，因此，古典主义建筑成为法国绝对君权时期的宫廷建筑潮流，它是法国传统建筑和意大利文艺复兴建筑结合的产物，代表作是规模巨大、造型雄伟的宫廷建筑和纪念性的广场建筑群。此外，它在园林等方面取得了一定的成就。

码 9-1　法国古典主义建筑——华丽的乐章

1. 法国古典主义建筑的产生与发展历程

自 15 世纪下半叶起，随着资本主义萌芽，法国的建筑开始变化，府邸和商堡等世俗建筑占据了主导地位。

16 世纪初，法国兴建了大量宫廷及贵族的府邸、猎庄和别墅。这时期意大利文艺复兴文化被带回，柱式成了法国建筑构图的基本因素，而且渐渐趋向严谨，成了法国宫廷文化的催生剂。

16 世纪下半叶，法国产生了早期的古典主义。随着法兰西民族迅速发展与壮大，不久法国就超过意大利而成为欧洲最先进的国家。法国建筑没有完全意大利化，而是产生了自己的古典建筑文化，反过来影响意大利建筑。

法国古典主义建筑的极盛时期在 17 世纪下半叶，此时，法国的绝对君权在路易十四统治下达到了最高峰。

18 世纪初，法国的专制政体出现危机，经济面临破产，宫廷糜烂透顶，君权走向衰落，古典主义建筑进入晚期，君权衰退，洛可可建筑出现。国家性的、纪念性的大型建筑物的建设明显比 17 世纪减少，取而代之是大量舒适安乐的城市住宅和小巧精致的乡村别墅。这些建筑讲究装饰，在室内出现了洛可可装饰风格。

2. 法国古典主义建筑代表作

（1）尚堡府邸

尚堡府邸（图 9.2）原为法国国王的猎庄和离宫，是国王统一全法国之后第一座真正的宫廷建筑物，一圈建筑物围成一个长方形的院子，三面是单层的，北面的主楼高 3 层。院子四角都有圆形的塔楼。主楼平面为正方形，包括四角凸出的圆形塔楼在内，每边长度 67.1m。主楼的北立面同外圈建筑物北立面在一条线上，三面凸进在院子里。

尚堡府邸为寻求统一的民主国家的建筑形象，采用了完全对称的庄严形式。立面使用意大利柱式装饰墙面，强调水平分划，构图整齐。但四角上由碉堡演化而成的圆形塔楼、高高的四坡屋顶、圆锥形屋顶及大量的强调垂直线条的老虎窗、烟囱、楼梯亭等，使体形富有变化，轮廓线复杂，散发着浓郁的中世纪气息。

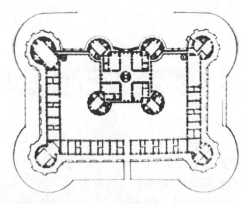

图 9.2　法国尚堡府邸俯瞰图和平面图

（2）卢浮宫

卢浮宫（图 9.3）建造时间从法兰西斯一世开始一直延续到 19 世纪拿破仑三世的统治时期。卢浮宫的建筑艺术展示了法国文艺复兴各个历史阶段的成就，是欧洲最壮丽的宫殿建筑之一。

(a) 卢浮宫外景　　　　　　　　　　　　　(b) 卢浮宫正立面

图 9.3　卢浮宫

卢浮宫东立面（图 9.4）全长 172m，高 28m。中央和两端各有凸出部分。左右分 5 段，以中央一段为主。中央 3 开间凸出，上设山花，统领全局。两端各凸出 1 间作为结束，比中央略低一级而不设山花。上下分为 3 段，按一个完整的柱式构图，底层为基座，高 9.9m；中段为主段，立通高的巨柱式双柱，高 13.3m；顶上是檐部与女儿墙。这种上下分 3 段，左右分 5 段，各以中央一段为主、等级层次分明的构图，是古典主义建筑的典型特征之一。东立面上双柱并不符合结构逻辑，它是非理性的，是巴洛克建筑中常有的设计手法，这表明巴洛克风格对法国古典主义的渗透。双柱丰富了光影和节奏的变化，而且更加雄伟有力。这标志着法国古典主义建筑的成熟。

(a) 卢浮宫东立面全景

(b) 卢浮宫东立面的双柱

图 9.4　卢浮宫东立面

（3）凡尔赛宫

凡尔赛宫（1661—1756 年）（图 9.5），是欧洲有史以来绝对君权最辉煌的纪念碑，包括宫殿、花园、放射大道 3 部分，代表着当时法国建筑艺术与技术的最高成就。

(a) 凡尔赛宫宫殿俯瞰图

(b) 凡尔赛宫园林俯瞰图

(c) 凡尔赛宫接待厅(镜厅)内景

图 9.5　凡尔赛宫（一）

(d) 凡尔赛宫外观

(e) 凡尔赛宫园林

图 9.5　凡尔赛宫（二）

凡尔赛原来是帝王的狩猎场，距巴黎西南 18km。路易十三曾在这里建造过一个猎庄，平面为三合院式。从 1760 年开始，由勒诺特负责在其西面兴建大花园，经过近 30 年的建设才完成，面积达到 6.7km²，纵轴长 3km。

宫殿的平面布置是非常复杂的。南翼为王子、亲王等居住的地方，北翼为法国中央政府办公处，还设有教堂、剧院等。中央部分是国王与王后起居与工作空间，内部布置有宽阔的连列厅和富丽堂皇的大楼梯。国王的接待厅内侧墙上镶有 17 面大镜子，与对面的法国式落地窗及由窗户引入的花园景色相映成趣。

宫殿的西面是花园，它是世界上规模最大和最著名的皇家园林，花园有一条长达 3km 的中轴线，与宫殿的中轴线相重合。主轴之外，还有次轴、对景等，并点缀各色雕像。园内道路、树木、水池、亭台、花圃、喷泉等均呈几何形，是法国古典园林的杰出代表。

凡尔赛宫在设计上的成功之处在于，将功能复杂的各个部分有机地组合成一个整体，并使宫殿、园林、庭院、广场、道路紧密结合，形成一个统一的规划。

为了建造凡尔赛宫，当时曾集中了 3 万名工人，组织建筑师、园艺师、艺术家和各种技术匠师参与建造。除了建筑物本身复杂的技术问题之外，还有引水、喷泉、道路等方面的问题。这些工程问题的解决，证明了 17 世纪后半叶法国财富的集中及技术进步，集中体现了法国建筑的成就。

3. 洛可可建筑

洛可可建筑在 18 世纪 20 年代产生于法国并流行于欧洲，是在巴洛克建筑基础上发展起来的，主要表现在室内装饰风格上。洛可可一词由法语 Rocaille 演化而来，原意为建筑装饰中一种贝壳形图案。

洛可可艺术风格的倡导者是蓬帕杜夫人，她不仅参与军事外交事务，还以文化"保护人"身份左右着当时的艺术风格。洛可可风格最初出现于建筑的室内装饰，后来扩展到绘画、雕刻、工艺品和文学领域。由于受到了当时法国国王路易十五的大力推崇，也被称为路易十五艺术风格。

（1）洛可可建筑风格特征和装饰手法

洛可可建筑风格的特征是：室内应用明快的色彩和纤巧的装饰，家具非常精致而偏于细腻，不像巴洛克建筑风格那样色彩浓艳和装饰起伏强烈。洛可可风格在形成过程中，曾受中国清代工艺美术的影响，在庭园布置、室内装饰、丝织品、瓷器和漆器等方面，表现尤为显著。

洛可可装饰的手法是：追求柔媚细腻的情调，排斥一切建筑母题，常常采用不对称构图；装饰题材有自然主义的倾向，常为蚌壳、卷涡、水草及其他植物等曲线形花纹，局部点缀人物等；爱用娇艳的颜色，如金、白、浅绿、粉红等；喜爱闪烁的光泽，利用镜子或烛台等使室内空间变得更为丰富。

图 9.6 为洛可可风格的建筑内景。

(a) 巴黎亲王夫人沙龙苏比斯连栋式街屋

(b) 洛可可室内装饰

(c) 德国波茨坦无愁宫

(d) 尚蒂依小城堡的亲王沙龙

图 9.6　洛可可风格的建筑内景

图9.7 巴黎苏比斯府邸的公主沙龙

（2）代表作

洛可可风格装饰，以法国巴黎苏比斯府邸的公主沙龙为代表，设计者是勃夫杭（1667—1754年）。如图9.7所示，墙上镶嵌大量镜子，天花与墙壁之间以弧面相连，室内护壁板做成精致的框格，框内四周有一圈花边，中间衬以东方织锦。晶莹的水晶枝形吊灯、纤巧的家具、轻淡娇艳的色彩、盘旋的曲线纹样装饰和落地大窗，各种因素综合在一起，创造出优雅迷人的总体效果。

9.2 18世纪—19世纪下半叶欧洲的建筑

1. 工业革命对建筑与城市的影响

1640年英国资产阶级革命的爆发标志着世界历史进入了近代史阶段。18世纪末，英国首先发生了工业革命，开始大量使用机器，英国变成了世界工厂。继英国之后，机器生产开始普及到欧美各国。

资本主义社会的发展，给建筑行业带来了一系列新问题。首先是工业城市因生产集中而引起的人口恶性膨胀，由于土地私有制和房屋建设的无政府状态引起交通堵塞、环境恶化，造成城市混乱。其次是住宅问题严重，虽然资产阶级不断地建造房屋，但由于资本主义私有制的束缚，阶级对立，在资产阶级高楼大厦的背后便是无产阶级居住的贫民窟。最后是社会生活方式的变化和科学技术的进步促成了对新建筑类型的需要，并对建筑形式提出了新要求。

最终在建筑创作中形成了两种不同的倾向，一种是反映当时社会上层阶级观点的复古思潮；另一种则是探求建筑中的新功能、新技术与新形式的可能性。

2. 建筑创作中的复古思潮

建筑创作中的复古思潮是指从18世纪60年代到19世纪末在欧美流行的古典复兴、浪漫主义与折中主义。由于当时的国际情况与各国的国内情况错综复杂，因而各有重点，各有表现，有两种风格同时存在的，也有前后排列的或重复出现的。即使采用了相仿的风格，其包含的思想内容也不全相同。从总的发展来说，古典复兴、浪漫主义与折中主义在欧美流行的时间大致如表9-1所示。

（1）古典复兴

古典复兴是指对古罗马与古希腊建筑艺术风格的复兴。因在格式上有与古典主义相仿的文化倾向，故又有新古典主义之称。它最先源于法国，不久后在欧洲及美国汇合成一股宏大的潮流。

古典复兴、浪漫主义与折中主义流行时间（年）　　　　　　表 9-1

国家	古典复兴	浪漫主义	折中主义
法国	1760—1830	1830—1860	1820—1900
英国	1760—1850	1760—1870	1830—1920
美国	1780—1880	1830—1880	1850—1920

18 世纪中叶，启蒙主义运动在法国日益发展，法国资产阶级启蒙思想家代表主要有伏尔泰、孟德斯鸠、卢梭等人，他们极力宣扬资产阶级的自由、平等、博爱等，为资产阶级专政服务。启蒙主义者向共和时代的罗马公民借用政治思想和英雄主义，倾向于共和时代的罗马文化。

18 世纪古典复兴建筑的流行，主要是政治上的原因，还有考古发掘进展的影响。它使人们认识到古典建筑的艺术质量远超过了巴洛克与洛可可。于是，古希腊、古罗马的古典建筑遗产成了当时创作的源泉，古罗马帝国时期雄伟的广场和凯旋门等纪念性建筑便成了效仿的榜样。

法国大革命前后已经出现了像巴黎万神庙（图 9.8）等仿古罗马建筑的建筑作品。其正面模仿罗马万神庙，入口上方有法国祖国女神为伟人戴桂冠的浮雕。

在拿破仑时代，法国巴黎建造了一批纪念建筑。在这类建筑中，追求外观上的雄伟、壮丽，内部则常常吸取东方及洛可可的装饰手法，形成了所谓"帝国式"风格，如星形广场的凯旋门（图 9.9）。

图 9.8　巴黎万神庙

图 9.9　星形广场的凯旋门

星形广场的凯旋门高 49.4m，宽 44.8m，厚 22.3m，正面券门高 36.6m，宽 14.6m，简洁的墙面上以浮雕为主，尺度异常大，形成了雄伟、庄严的效果，极富纪念性建筑的艺术魄力。凯旋门下由环形大街向四面八方伸展出的十二条放射状的林荫大道，著名的有香榭丽舍大道、格兰德大道、阿尔美大道、福熙大道等。

英国建筑以古希腊复兴为主，典型的代表性建筑有爱丁堡中学（1825—1829 年）、不列颠博物馆（1823—1847 年）等。不列颠博物馆的正面中央采用古希腊神庙的形式，两端向前突出。整个正立面由 44 根爱奥尼柱式构成的柱廊形成，爱奥尼柱式的比例尺度严格参照雅典卫城上伊瑞克提翁神庙的柱式。整个建筑端庄典雅，真正体现了古希腊建筑的纯净，如图 9.10 所示。

德国的古典复兴是以古希腊复兴为主，如著名的柏林勃兰登堡门（图 9.11），纪念普鲁士在 7 年战争取得的胜利。同时勃兰登堡门又是德国的象征，见证了德国、欧洲乃至世界的许多重要历史事件。

图 9.10　不列颠博物馆

图 9.11　柏林勃兰登堡门

美国的古典复兴以古罗马复兴为主。1793—1867 年建造的美国国会大厦（图 9.12）就是罗马复兴的实例，它仿照了巴黎万神庙的造型，极力表现雄伟的纪念性。希腊复兴在美国的纪念性建筑和公共建筑中也比较流行，华盛顿林肯纪念堂（图 9.13）即是其中一例。

图 9.12　美国国会大厦

图 9.13　华盛顿林肯纪念堂

（2）浪漫主义

浪漫主义，是在 18 世纪下半叶至 19 世纪末活跃于欧洲文学艺术领域的一种主要思潮，它在建筑上也得到了一定的反映，不过影响较小。

浪漫主义建筑的范围主要局限于教堂、学校、车站、住宅等。同时，浪漫主义建筑在各个地区的发展也不尽相同，大体来说，英国、德国较流行，时间也较早，而法国、意大利则不太流行，时间也较晚。

浪漫主义始源于 18 世纪下半叶的英国。18 世纪 60 年代到 19 世纪 30 年代是它的早期，或者叫做先浪漫主义时期。这时期，没落的封建贵族追忆往昔，对往日的辉煌无限怀念，形成了一股逃避现实、渲染中世纪田园情趣的文学艺术潮流。先浪漫主义在建筑上表现为模仿中世纪的寨堡，追求非凡的趣味和异国情调，有时甚至在园林中出现了东方建筑小品。如德国波茨坦无忧宫的中国式茶亭（图 9.14），英国布莱顿的皇家别墅（图 9.15），就是模仿印度伊斯兰教礼拜寺的建筑形式。

图 9.14　德国波茨坦无忧宫的中国式茶亭　　　图 9.15　英国布莱顿的皇家别墅

19 世纪 30 年代到 70 年代是浪漫主义的第二个阶段，是英国浪漫主义建筑的极盛时期。这个时期浪漫主义的建筑常常是以哥特风格出现的，所以也称之为哥特复兴。它在思想上反映了对正在工业化中的城市面貌感到憎恨，从而向往在生产中以个人手工为骄傲的中世纪生活，反对都市，讴歌自然。英国是浪漫主义最活跃的国家，由于对法国"帝国式"的反感，在 19 世纪中叶的许多公共建筑均采用哥特复兴式。最突出的例子便是英国国会大厦（图 9.16），它采用的是亨利五世时期的哥特垂直式，原因是亨利五世曾一度征服法国。

浪漫主义建筑在德国流行较广，时间也较长。在欧洲其他国家则流行面较小，时间也较短，这和各个国家受古典及中世纪影响不同有关。

（3）折中主义

折中主义是 19 世纪上半叶兴起的一种创作思潮。形成折中主义的原因较为复杂，主要是随着古典复兴、浪漫主义的深入流行，建筑师们不甘自缚于古典与哥特的范畴内。再加上考古工作的深入，阅历的丰富，建筑师们追求艺术高于一切的想法更盛。在设计中表现为模仿历史上的各种风格，或自由组合成为各种式样，所以也称为"集仿主义"。折中主义的建筑并没有固定的风格，它讲究比例权衡的推敲，沉醉于"纯形式"的美。

拿破仑三世时期是法国折中主义的兴盛时期，代表作有著名的巴黎歌剧院（图 9.17）。

图 9.16　英国国会大厦　　　　　　　图 9.17　巴黎歌剧院

1873 年 10 月，巴黎歌剧院的建筑在一场大火中被毁。新建歌剧院于 1875 年 1 月启用，是当时世界上最大也最为豪华的一座歌剧院，其艺术处理是把古典主义与巴洛克式混用。

9.3 建筑的新材料、新技术和新类型

伴随着工业大生产的发展，新的建筑材料、新的结构技术、新的设备、新的施工工艺不断出现。新材料、新技术的运用，使建筑突破了高度和跨度的限制，在平面与空间的设计上也比过去自由多了，由此影响建筑形式的变化。

码 9-2 工业
革命与建筑

1. 新材料、新技术的应用

（1）铁和玻璃的配合

随着铸铁业的兴起，1775—1779 年在英国塞文河上建造了第一座生铁桥（图 9.18），桥的跨度达 100 英尺（约 30m），高 40 英尺（约 12m）。铸铁梁柱最先为工业建筑所采用，它比砖石或木构件轻巧，既可减少结构面积，又便于采光，比木材耐火。

铁和玻璃两种建筑材料的联合应用在 19 世纪的建筑中获得了新的成就。1829—1831 年在巴黎老王宫的奥尔良廊中最先应用铁框架与玻璃建成了透光顶棚。1833 年又出现了第一个完全以铁架和玻璃构成的巨大建筑物——巴黎植物园的温室。这种构造方式对后来的建筑产生很大启示。

（2）向框架结构过渡

框架结构最初在美国得到发展，它的主要特点是以生铁框架代替承重墙。如在 19 世纪下半叶建造的商店、仓库等，其中以芝加哥家庭保险公司的 10 层大厦最为典型，如图 9.19 所示。

图 9.18 英国第一座生铁桥

图 9.19 芝加哥家庭保险公司大厦

（3）升降机与电梯

工厂与高层建筑的出现促使了升降机的发明。最初的升降机仅用于工厂中，后来逐渐用到高层房屋上。第一座真正安全的载客升降机是在美国纽约 1853 年世界博览会上展出的蒸汽动力升降机，由奥蒂斯发明。1857 年这部升降机被装至纽约一商店中。1864 年升

降机技术传至芝加哥。1870 年贝德文在芝加哥应用了水力升降机。1887 年电梯被发明。欧洲直到 1867 年才在巴黎国际博览会上装置了一部水力升降机，1889 年水力升降机被应用于埃菲尔铁塔内。

2. 新的建筑类型

（1）图书馆

19 世纪中叶，法国建筑师拉布鲁斯特提出用新结构与新材料来创造新的建筑形式。由他设计的巴黎圣吉纳维夫图书馆（图 9.20）是法国第一座完整的图书馆建筑，铁结构、石结构与玻璃材料在这里有机结合。书库共有 5 层（含地下室），可藏书 90 万册，地面与隔墙全部用铁架和玻璃制成，这样既可以采光，又保证了防火安全。

（2）市场

这一时期市场建筑也有新的发展，出现了巨大的生铁框架结构的大厅。如巴黎的马德莱娜市场、伦敦的亨格尔福特鱼市场、英国利兹货币交易所（图 9.21）等。

图 9.20　巴黎圣吉纳维夫图书馆　　　　图 9.21　英国利兹货币交易所

（3）百货商店

随着城市发展，人口增多，出现了大规模的商业建筑，如百货商店。百货商店最早出现于 19 世纪的美国，是在仓库建筑形式的基础上发展起来的。如纽约华盛顿商店，它的外观基本上保持着仓库建筑的简单形象。之后，这种形象逐渐形成百货商店独具的风格。

（4）博览会与展览馆

19 世纪后半叶，工业博览会给建筑师们提供了施展才华的机会。

1851 年在英国伦敦世界博览会上，"水晶宫"展览馆（图 9.22）开辟了建筑形式与预制装配技术的新纪元，"水晶宫"展览馆第一次大规模采用了预制和构件标准化的方法，外墙和屋面均为玻璃，整个建筑通体透明，宽敞明亮。该建筑总建筑面积为 $74400 \mathrm{m}^2$，在 9 个月时间完成。1936 年，整个建筑毁于火灾。

1889 年在法国巴黎世界博览会上，机械馆和埃菲尔铁塔成为博览会的中心。机械馆（图 9.23）长度为 420m，跨度达 115m，在结构设计上首次应用了三铰拱的原理，主要结构由 20 个构架组成，四壁与屋顶全部为大片玻璃。埃菲尔铁塔（图 9.24）由工程师埃菲尔设计，塔身为钢架镂空结构，高 328m，内部设有 4 部水力升降机，花了 17 个月建成。它的巨型结构与新型设备显示了资本主义初期工业生产的最高水平。

图 9.22 "水晶宫"展览馆

图 9.23 机械馆立面

图 9.24 埃菲尔铁塔

思考题

一、选择题

1.（单选题）自 15 世纪下半叶起，随着资本主义萌芽，法国的建筑开始变化，（   ）等世俗建筑占据了主导地位。

A. 府邸和商堡   B. 国家性的、纪念性的大型建筑物

C. 舒适安乐的城市住宅   D. 小巧精致的乡村别墅

2.（单选题）欧洲有史以来绝对君权最辉煌的纪念碑是（   ）。

A. 卢浮宫   B. 凡尔赛宫

C. 巴黎苏比斯府邸   D. 星形广场的凯旋门

3.（多选题）18 世纪 60 年代到 19 世纪末在欧美流行的建筑创作中的复古思潮是指（   ）。

A. 古典复兴   B. 浪漫主义   C. 折中主义   D. 维也纳学派   E. 未来主义

4.（单选题）（   ）是指对古罗马与古希腊建筑艺术风格的复兴。

　　A. 古典复兴　　　B. 浪漫主义　　　C. 折中主义　　　D. 维也纳学派

　　5.（单选题）（　　）建筑的范围主要局限于教堂、学校、车站、住宅等。

　　A. 古典复兴　　　B. 浪漫主义　　　C. 折中主义　　　D. 维也纳学派

　　6.（单选题）（　　）在设计中表现为模仿历史上的各种风格，或自由组合成为各种式样。

　　A. 古典复兴　　　B. 浪漫主义　　　C. 折中主义　　　D. 维也纳学派

　　7.（多选题）18 世纪—19 世纪下半叶欧洲新材料、新技术的应用主要包括（　　　）。

　　A. 生铁和玻璃的使用　　　　　　B. 向框架结构过渡

　　C. 升降机与电梯的应用　　　　　D. 预制装配式构件的应用

　　E. 高层建筑的技术

　　二、判断题（对的打√，错的打×）

　　1. 浪漫主义最早出现于 18 世纪下半叶的英国。18 世纪 60 年代到 19 世纪 30 年代为其发展的第一阶段，称为先浪漫主义时期。（　　）

　　2. 折中主义是指对古罗马与古希腊建筑艺术风格的复兴。（　　）

　　三、简答题

　　1. 简述法国古典主义建筑理论成就。

　　2. 简述洛可可建筑的风格特点。

　　3. 什么是古典复兴？古典复兴的表现形式有哪些？

　　4. 请简述浪漫主义思潮的建筑特点。

　　绘图实践题

　　1. 选一个你印象最深的法国古典主义代表性建筑作品进行抄绘。

　　2. 抄绘图 9.24 埃菲尔铁塔，也可以根据上网搜索到的资料进行绘制。

码 9-3　第 9 讲思考题参考答案

第10讲
欧美国家新建筑运动的探索

Chapter 10

学习目标

知识目标：

1. 理解工艺美术运动、新艺术运动、维也纳学派与分离派、德意志制造联盟、芝加哥学派等探求新建筑运动的基本概念；

2. 了解新建筑运动的代表性作品。

能力目标：

1. 能够在当时的时代背景下，分析各建筑流派的主要理论和代表性作品；

2. 具备一定的建筑作品赏析能力，能简述其主要设计思想和设计创新之处。

思维导图

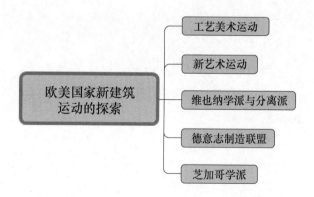

欧美国家新建筑运动的探索

- 工艺美术运动
- 新艺术运动
- 维也纳学派与分离派
- 德意志制造联盟
- 芝加哥学派

问题引入

第二次工业革命于十九世纪六七十年代开始，其中最重要的两个发明是发电机和内燃机，伴随内燃机的诞生而出现的还有德国人本茨发明的第一辆汽车（图 10.1）。

伴随着内燃机、电灯、电话、无线电等的先后发明，资本主义世界生产急剧发展，技术飞速进步，城市人口急剧增长，城市建设不断发展，在这些巨大的变化中，建筑能否跟

图 10.1　本茨和他发明的第一辆汽车

上社会发展的需求？建筑的形式有哪些变化与革新呢？

19 世纪末，随着钢铁、玻璃、混凝土等新材料应用日益频繁，建筑的新功能、新技术与旧形式之间的矛盾日益突出，在一些对新事物敏感的建筑师中掀起了一场积极探求新建筑的运动。

新建筑运动是一个探求新的建筑设计方法的运动，影响较大的有工艺美术运动、新艺术运动、维也纳学派与分离派、德意志制造联盟、芝加哥学派等。

10.1　工艺美术运动

19 世纪 50 年代在英国出现的"工艺美术运动"，是英国小资产阶级浪漫主义的社会与文艺思想在建筑与日用品设计上的反映。

英国是最早发展工业的国家，也是最先遭受工业发展带来的各种城市痼疾危害的国家。当时城市交通混乱、居住与卫生条件恶劣、各种粗制滥造而价格低廉的工业产品充斥着生活空间，激起一些小资产阶级知识分子，把批判的矛头指向了机器，他们反对和憎恨机器生产，鼓吹逃离工业城市，怀念手工艺时代的哥特式风格与向往自然的浪漫主义情绪，这些都促使了工艺美术运动产生。

以罗斯金（John Ruskin）和莫里斯（William Morris）为代表的"工艺美术运动"便是这股思潮的反映。莫里斯主张艺术家与工匠结合。在建筑上，工艺美术运动主张建造"田园式"住宅，摆脱古典建筑形式。在装饰上，反对过分的装饰，反对哗众取宠，提倡中世纪哥特式风格，崇尚自然主义及东方装饰艺术。

1859—1860 年建筑师韦布（Philip Webb）在肯特建造的"红屋"（Red House）就是这个运动的代表作。"红屋"是莫里斯的新婚住宅，如图 10.2 所示，平面上根据功能需要布置成 L 形，使每个房间都能自然采光。采用本地红砖建造，不加粉刷，摈弃传统贴面装饰，表达材料本身质感。这是将功能、材料和艺术造型结合的尝试，整个建筑从内到外表现出浓重的英国田园风情，营造出一种和谐、自然、亲切宜人的气氛，其对后来新建筑有一定启发。

(a) 红屋外观

(b) 红屋室内起居室

图 10.2　莫里斯"红屋"

"工艺美术运动"的贡献在于：它首先提出了"美术与技术结合"的原则，倡导以实用性为设计要旨，强调"师法自然"，崇尚自然造型。在工艺上，注重手工艺效果和自然材料的美，从而创造出了一些朴素而实用的作品。然而，对工业化的反对、对机械的否定、对大批量生产的否定，都使之无法成为领导潮流的主流风格。

10.2　新艺术运动

受到"工艺美术运动"的启示，19 世纪 90 年代到 20 世纪 10 年代，欧洲出现了名为"新艺术派"的实用美术方面的新潮流，其思想主要表现在用新的装饰纹样取代旧的程序化的图案，逐渐形成"新艺术运动"。它是 19 世纪末—20 世纪初在欧洲和美国产生和发展的一次影响面相当大的装饰艺术运动，也是一次内容很广泛的设计上的形式主义运动。

新艺术运动最初的中心在比利时首都布鲁塞尔，随后向法国、奥地利、德国、荷兰及意大利等国家扩展。新艺术运动的创始人之一菲尔德原是画家，19 世纪 80 年代开始致力于建筑艺术的革新，主张在绘画、装饰和建筑上创造一种不同以往的艺术风格。

新艺术派的建筑特征主要表现在室内，外形保持了砖石建筑的格局，比较简洁，有时采用一些曲线或弧形墙面使之不单调。建筑装饰中大量应用铁构件。典型实例是比利时建筑师霍塔在 1893 年设计的布鲁塞尔让松街住宅（图 10.3），建筑内外的金属构件有许多曲线，或繁或简，冷硬的金属材料看起来柔化了，结构呈现出韵律感。室内的铸铁柱子裸露在外，铁质的卷藤线条盘结其上。从天花板的角落、墙面到马赛克地面都装饰着卷藤图案。

在英国，新艺术运动中最有影响力的是麦金托什，他设计的格拉斯哥艺术学校（图10.4），室内外都表现出新艺术的精致细部与朴素的传统苏格兰石砌体，室内空间按功能进行组合，柱、梁、顶棚及悬吊的饰物上使用了明显的竖向线条及柔和的曲线，在朴素地运用新材料、新结构的同时，处处浸透着艺术的考虑（其已在火灾中损毁）。

(a) 建筑外观

(b) 室内场景

图 10.3　布鲁塞尔让松街住宅

(a) 建筑外观

(b) 入口外观

(c) 室内场景

图 10.4　格拉斯哥艺术学校

西班牙的建筑师高迪的艺术风格也可识别为新艺术一派,他从自然界各种形体结构,如植物、骨架、壳体、软骨、熔岩、海浪等中获取灵感,以浪漫主义的幻想极力使塑性的艺术形式渗透到建筑空间中去,并吸取了东方的艺术风格与哥特式建筑的结构特点,独创了具有隐喻性的塑性造型建筑。他的代表作品有米拉公寓、巴特罗公寓及巴塞罗那市居尔公园等。

6层的米拉公寓如图10.5所示,置于街道转角,墙面凹凸不平,屋檐与屋脊做成蛇形曲线。公寓房间没有一个是常见的矩形,屋面上是大大小小的突起物。虽是房屋,却像是一个庞大的海边岩石,因长期受海水侵蚀而布满孔洞。

巴特罗公寓如图10.6所示,入口与下部墙面有意模仿溶洞与熔岩。上面楼层的阳台栏杆如同假面舞会的面具,屋脊仿似带鳞片的怪兽脊背,上面贴着五颜六色的碎瓷片。

图10.5 米拉公寓

图10.6 巴特罗公寓

高迪的建筑过于奇特,他把建筑形式的艺术表现性放在了首位,很少考虑经济效益、技术的合理性、施工效率等问题。因此,在当时高迪和他的建筑并未受到很大的重视,直到20世纪后期,他才被推崇到极高的地位,甚至被视为后现代主义建筑的"试金石"。

在法国,新艺术运动的代表人物是海格特·桂玛德,其代表作是1900年设计的巴黎地铁站(图10.7)。

图10.7 巴黎地铁站

总的来说，新艺术运动在建筑上的革新只限于艺术形式与装饰手法，终不过是以一种新的形式反对传统形式而已，并未能全部解决建筑形式与内容的关系，以及与新技术结合的问题。因此，新艺术运动流行了短暂的 20 余年后就逐渐衰退。但它对 20 世纪前后欧美各国在新建筑探索方面的影响还是广泛且深远的。

10.3　维也纳学派与分离派

在新艺术运动影响下，奥地利形成了以瓦格纳教授为首的维也纳学派。1895 年瓦格纳教授出版专著《论现代建筑》，指出新结构、新材料必然导致新形式的出现，并反对历史式样的重演。其代表作品有：维也纳邮政储蓄银行（1905 年）（图 10.8）。该建筑外形简洁，内部营业大厅采用纤细的铁构架与玻璃顶棚，空间白净、明亮。墙面与柱不施加任何装饰，充满现代感。

图 10.8　维也纳邮政储蓄银行

瓦格纳的观点对他的学生影响很大。1897 年，他的学生奥别列兹、霍夫曼等一批年轻的艺术家组成了分离派，意思是要与传统的和正统的艺术分离，提出了"为时代的艺术，为艺术的自由"的口号。在建筑上，他们主张造型简洁，常采用大片光墙面与简单立方体组合，在局部集中装饰，装饰的主题多为直线和简单的几何形体。

1898 年奥别列兹设计的维也纳分离派展览馆是分离派的代表作品。如图 10.9 所示，简单的立方体、整洁光亮的墙面、水平线条、平屋顶构成了建筑主体。设计中运用了纵与横、明与暗、方与圆、石材与金属的对比形成变化。馆体本身庄重典雅，而安装在建筑顶部的金色镂空球，又使得建筑显得轻巧活泼。

维也纳的建筑师路斯是一位在建筑理论有独到见解的人。1908 年，他发表《装饰与罪恶》一文，宣称"装饰就是罪恶"，他反对将建筑列入艺术范畴，主张建筑以实用与舒适为主，认为建筑"不是依靠装饰而是以形体自身之美为美"。路斯的代表作品是 1910 年

图 10.9　维也纳分离派展览馆

在维也纳建造的斯坦纳住宅。如图 10.10 所示，该建筑外部完全没有装饰。他强调建筑物作为立方体的组合同墙面和窗的比例关系，是一种完全不同于折中主义并预告了功能主义的建筑形式。

图 10.10　斯坦纳住宅不同立面

　　总体而言，维也纳学派与分离派的设计活动开始脱离单纯的装饰性，而向功能性第一的设计原则发展，被视为介于"新艺术"和现代主义设计之间的一个过渡性阶段的设计运动。

10.4　德意志制造联盟

　　为继续提高工业产品的质量，争夺国际市场，1907 年由企业家、艺术家、技术负责人等组成的全国性"德意志制造联盟"成立了。

　　工艺美术运动反对机器生产，提倡恢复手工业生产，德意志制造联盟则提倡艺术与工艺协作。这些观点同样也左右着德国建筑师的创作观点，促使了德国在建筑领域里的创新活动。

码 10-1　德意志制造联盟

彼得·贝伦斯认为建筑要符合功能要求，并体现结构特征，创造前所未有的新形象。1909 年他在柏林为德国通用电气公司设计的透平机制造车间与机械车间，就体现了这些观点。透平机车间（图 10.11）屋顶是由三铰拱钢结构组成，形成大生产空间，每个内部屋架轮廓一致，外形处理简洁，没有任何附加的装饰。这座透平机车间建筑为探求新建筑起了一定的示范作用，被称为第一座真正的"现代建筑"。

图 10.11　柏林通用电气公司透平机车间

贝伦斯不仅对现代建筑做出了贡献，而且还培养出了不少人，如格罗皮乌斯、密斯·凡·德·罗、勒·柯布西耶。格罗皮乌斯积极提倡建筑设计与工艺的统一，艺术与技术的结合，讲究功能、技术和经济效益。这些观点首先体现在法古斯工厂和 1914 年德意志制造联盟科隆展览会展出的办公楼中（图 10.12）。

图 10.12　德意志制造联盟科隆展览会

10.5　芝加哥学派

19 世纪 70 年代，在美国兴起了芝加哥学派，它是现代建筑在美国的奠基者。由于工业迅速发展，城市人口剧增，土地紧张，为了尽可能建造更多的房屋，不得不向高空发展。此外 1873 年芝加哥发生大火，使得城市重建问题突出。于是营建高层的公共建筑物成为当时形势所需，而且有利可图。一大批建筑师云集芝加哥，积极探索新形势下新材料、新结构、新技术、新设备在高层商业建筑的应用，而且自成一派，称为芝加哥学派。在建筑形式上，削减或取消多余的装饰，建筑立面大为简化；为了增加室内的光线和通风，出现了横向窗子，被称为"芝加哥窗"。此外，高层、金属框架结构、简单的立面、整齐排列横向大窗成为"芝加哥学派"建筑共同的特点。

芝加哥学派创始人詹尼设计了芝加哥第一莱特尔大厦（图 10.13），它是一个 7 层货栈，砖墙与铁梁柱的混合结构，玻璃窗很大。而后他又设计了芝加哥家庭保险公司的 10 层框架建筑。芝加哥学派认为在设计高层建筑中应争取空间、光线、通风和安全。为了在高层建筑群中争取阳光，创造了扁阔形的所谓芝加哥窗。

芝加哥学派最具代表性作品是 1894 年建造的芝加哥马凯特大厦（图 10.14），大厦平面呈"E"字形，电梯集中在中部光线较暗、通风较差的位置上，外立面简洁，整齐排列着芝加哥窗。其另一特点是采用框架结构后内部空间划分较为灵活。

图 10.13　芝加哥第一莱特尔大厦

图 10.14　芝加哥马凯特大厦

在芝加哥学派里，还有一位著名的建筑师沙利文，他最先提出了"形式随从功能"的口号，为功能主义的建筑设计思想开辟了道路。他的代表作品是芝加哥百货公司大厦（图 10.15），它的外立面采用了典型的"芝加哥窗"，设备层外形可略有不同，顶部有压檐。

芝加哥学派在 19 世纪求新建筑运动中起着一定的促进作用。首先，突出了功能在建筑设计中的主要地位，明确了功能与形式的主从关系；其次，探索了新技术在高层建筑中的应用，并取得了一定的成就；最后，使建筑艺术反映了新技术的特点，简洁的立面符合新时代工业化的精神。

(a) 建筑外观

(b) 底层装饰

图 10.15　芝加哥百货公司大厦

思考题

一、选择题

1. （单选题）工艺美术运动出现在 19 世纪 50 年代的（　　），是小资产阶级浪漫主义的社会与文艺思想在建筑及日用品设计上的反映。

　　A. 英国　　　　　　B. 法国　　　　　　C. 德国　　　　　　D. 美国

2. （多选题）以下关于工艺美术运动描述正确的有（　　）。

　　A. 以拉斯金（John Ruskin）和莫里斯（William Morris）为首

　　B. 赞扬手工艺的效果和自然材料的美，强调古趣，反对机器制造的产品，提倡艺术化的手工制品

　　C. 主张艺术家与工匠结合

　　D. 主张建造"田园式"住宅，摆脱古典建筑形式

　　E. 在装饰上，反对过分的装饰，反对哗众取宠

3. （单选题）新艺术运动最初的中心在（　　）。

　　A. 比利时　　　　　B. 法国　　　　　　C. 奥地利　　　　　D. 德国

4. （多选题）新艺术派的建筑特征主要表现在（　　）。

　　A. 在室内，外形保持了砖石建筑的格局，比较简洁，有时采用一些曲线或弧形墙面使之不单调

　　B. 建筑装饰中大量应用铁构件

　　C. 程序化的图案

　　D. 崇尚自然主义及东方装饰艺术

　　E. 怀念手工艺时代的哥特式风格

5. （单选题）在新艺术运动影响下，奥地利形成了以瓦格纳教授为首的（　　）。

A. 维也纳学派　　　　B. 分离派　　　　C. 芝加哥学派　　　　D. 新艺术派

6.（单选题）提倡艺术与工艺协作的是（　　）。

A. 德意志制造联盟　　　　　　　　　B. 芝加哥学派

C. 维也纳学派　　　　　　　　　　　D. 分离派

7.（多选题）芝加哥学派的特点有（　　）。

A. 在建筑形式上，削减或取消多余的装饰，建筑立面大为简化

B. 为了增加室内的光线和通风，出现了横向窗子

C. 高层、金属框架结构

D. 提倡建筑设计与工艺的统一

E. 讲究功能、技术和经济效益

8.（单选题）1894 年出版专著《论现代建筑》的是（　　）。

A. 奥别列兹　　　　　　　　　　　　B. 瓦格纳

C. 霍夫曼　　　　　　　　　　　　　D. 路斯

二、判断题（对的打√，错的打×）

1. 新建筑运动作为一个探求新的建筑设计方法的运动，影响较大的有工业美术运动、新艺术运动、维也纳学派与分离派、德意志制造联盟、芝加哥学派等。（　　）

2. "工艺美术运动"的贡献在于开始脱离单纯的装饰性，而向功能性第一的设计原则发展。（　　）

三、简答题

1. 简述工艺美术运动中建筑方面的主张和理念。

2. 简述新艺术运动在建筑上的成就与局限。

3. 简述芝加哥学派理论对建筑发展的贡献和影响。

绘图实践题

请用 A4 绘图纸抄绘新建筑运动中你最喜欢的一种风格的建筑。

码 10-2　第 10 讲思考题参考答案

第**11**讲

Chapter 11

现代建筑与代表人物

 学习目标

知识目标：

1. 了解现代主义建筑的形成过程；
2. 理解现代主义建筑的设计原则；
3. 了解现代主义建筑的代表人物。

能力目标：

1. 能简要分析现代主义建筑的形式；
2. 具备初步的建筑作品欣赏能力。

思维导图

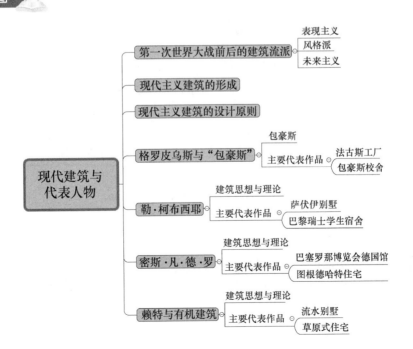

问题引入

请观察图 11.1，说一说现代主义建筑有哪些特征？

请同学们分组用关键字"现代主义建筑"在网络中搜索，收集整理相关图片，制作相册分享，说一说你们查阅到的现代主义建筑的特征。

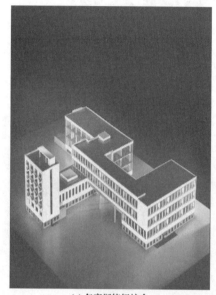

(a) 包豪斯德绍校舍

(b) 萨伏伊别墅

(c) 巴塞罗那展览会德国馆

图 11.1　现代主义建筑三个代表作品

11.1　第一次世界大战前后的建筑流派

一批思想敏锐、对社会事务敏感并具有一定经验的年轻建筑师面对第一次世界大战后千疮百孔的现实，决心将建筑变革作为己任，提出了比较系统和彻底的建筑改革主张，其中对建筑活动影响较大的有表现主义、风格派、未来主义等。

1. 表现主义

20 世纪初首先在奥地利、德国产生了表现派绘画、音乐、戏剧。强调个人的主观感情和内心感受，认为主观是唯一的真实，否定现实世界的客观性。

在表现主义绘画中，外界事物的形象不求准确，常常有意加以改变、夸张、变形处理等。

在这种艺术观点的影响下，在建筑作品中，建筑师常常采用奇特、夸张的造型和构图手法，塑造超常的、强调动感的建筑形象，来表现某些思想情绪，象征某种时代精神。

其中最有代表性的是 1919—1920 年建成的德国波茨坦市爱因斯坦天文台（图 11.2）。

图 11.2　爱因斯坦天文台

总的来说，表现主义建筑师主张革新，反对复古，但他们只是用一种新的表面处理手法去取代旧的建筑形式，同建筑技术与功能的发展没有直接的关系。它在第一次世界大战后初期兴起过一阵，不久就消失了。

2. 风格派

1917 年，荷兰一些青年艺术家组成了一个名为“风格派”的造型艺术团体。其主要成员有画家蒙德里安，设计师凡·杜埃斯堡，建筑师奥德、里特维尔德等。该团体于 1917 年创立名为《风格》的期刊，因此得名“风格派”。

风格派强调艺术需要抽象和简化，认为最好的艺术就是基本几何形体的组合和构图。图 11.3 是蒙德里安的绘画作品，画面一反传统表现方式，主要利用抽象构图拼成各式色彩的几何图案。

风格派建筑的代表作是建筑师里特维尔德设计的荷兰乌特勒支市的施罗德住宅（图 11.4），其从室外到室内，从建筑形体到色彩，都集中体现了风格派的设计理论。

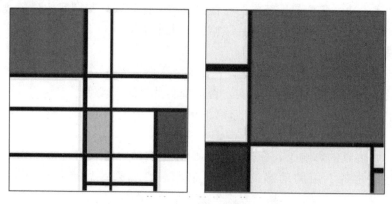

图 11.3 蒙德里安的绘图作品

(a) 外观

(b) 室内

图 11.4 施罗德住宅

3. 未来主义

　　未来主义是第一次世界大战之前在意大利出现的一个文学艺术流派。未来主义歌颂工厂、机器、火车、飞机、工业、速度，赞美现代化大城市，欣赏现代城市的快速节奏与速度变化，强调用画面的动态来反映时代的特征。

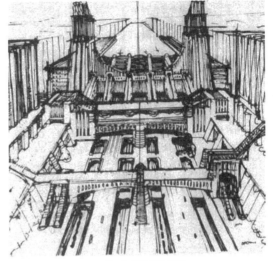

(a) 建筑想象图　　　　　　　　　(b) 未来城市设想图

图 11.5　圣·伊里亚的建筑想象图和未来城市设想图

未来主义在建筑领域的代表人物为：意大利建筑师圣·伊里亚。1912—1914 年间圣·伊里亚画了一系列以"新城市"为题的建筑想象图和未来城市设想图（图 11.5），道路立体交叉，建筑转角都是弧形。

未来主义并没有实际的建筑作品，但未来主义的建筑思想却对一些建筑师产生了很大的影响。直到 20 世纪后期，还能在一些著名建筑作品中看到未来主义建筑的思想火花，如巴黎蓬比杜艺术与文化中心等。

11.2　现代主义建筑的形成

20 世纪 20 年代以后，欧洲经济稍有恢复，第一次世界大战后城市重建过程中的实际建筑任务逐渐增多，在一些建筑先驱的思想影响之下，一批思想敏锐且具有丰富经验的建筑师，如格罗皮乌斯、勒·柯布西耶、密斯·凡·德·罗、阿尔瓦·阿尔托、赖特等，他们通过建筑实践和教育实践活动，建立了崭新的体系，把新建筑运动推向了新高潮，形成了 20 世纪最具影响力、最深远、最重要的现代主义建筑。

在建筑实践方面，随着城市发展的需要，建筑任务及建筑功能需求相继增多，格罗皮乌斯等人设计出一些很有影响力的建筑作品。如 1926 年格罗皮乌斯设计的包豪斯校舍，1928 年勒·柯布西耶设计的萨伏伊别墅，1929 年密斯·凡·德·罗设计的巴塞罗那博览会德国馆等。这些建筑不仅是现代主义的经典作品，也成为现代主义建筑的传世之作。

在教育实践方面，1919 年格罗皮乌斯出任公立包豪斯学校校长，大力改革重组，聘请一批激进的艺术家任教，推行全新的教学制度和教学方法，培养了一批批有思想有实践的设计人才，充实了新建筑运动的有生力量。

在建筑理论方面，1920 年勒·柯布西耶在巴黎与人合作创办《新精神》杂志，他撰写文章为新建筑摇旗呐喊。1923 年，他整理出版了《走向新建筑》一书，为现代建筑运动提供了一系列理论依据。

11.3 现代主义建筑的设计原则

1928 年，在格罗皮乌斯、勒·柯布西耶等人倡导下，在瑞士成立了第一个国际性的现代建筑师组织——国际现代建筑协会（CIAM）。并于 1933 年的雅典会议提出著名的《雅典宪章》。

1927 年在德国斯图加特市附近魏森霍夫举办了一场主题为"居处"的新住宅建筑展，展览的目的是发扬现代设计、现代建筑的精神，全面展示当下较为前卫的建筑，展览最突出的地方是全部展品都是永久性的住宅建筑（图 11.6），展览结束后，这也就成为一个小型居民区。

图 11.6　德国斯图加特附近的魏森霍夫住宅

"国际现代建筑协会（CIAM）"的成立与德国斯图加特市附近的"魏森霍夫国际建筑大展"标志着现代主义建筑进入了成熟阶段。

现代主义建筑的设计原则为：

（1）注重建筑使用功能，以功能需求作为设计出发点；

（2）主张采用新材料、新结构，合理布置功能空间需求；

（3）注重建筑的经济性，努力用最少的人力、物力、财力造出实用的房屋；

（4）主张创造建筑新风格，坚决反对套用历史上的建筑造型，突破传统的建筑构图格式；

（5）将建筑空间作为设计重点，认为建筑空间比建筑平面、立面更重要；

（6）废弃表面多余的建筑装饰，认为建筑美的基础在于建筑处理的合理性和逻辑性。

这些建筑观点与设计方法被人们称为"现代主义"。

11.4　格罗皮乌斯与"包豪斯"

格罗皮乌斯（Walter Gropius，1883—1969 年）是现代主义建筑设计、现代设计教育最重要的奠基人之一，同时还是杰出的教育家、思想家和理论家。他的设计思想、设计原则、教育理念不仅在当时产生巨大的影响力，直至今日对我们仍具有启发作用。

格罗皮乌斯 1883 年 5 月 18 日出生于德国柏林一个建筑师的家庭，家庭成员中大部分受过良好的教育，他的祖父是知名画家，叔祖父是建筑家，具有建筑与艺术两方面的传统。他于 1969 年 7 月 15 日在美国波士顿去世。格罗皮乌斯青年时期在柏林和慕尼黑高等学校学建筑，毕业后进入贝伦斯事务所工作。1910 年起独自工作。他于 1911 年设计了欧洲第一所采用玻璃幕墙结构的建筑法格斯工厂，1914 年设计了德国科隆德意志制造联盟科隆展览会办公楼。这两座以表现新材料、新技术和建筑内部空间为主的新建筑在当时引起了广泛的关注。

1. 包豪斯

1919 年，第一次世界大战刚刚结束，格罗皮乌斯出任魏玛艺术与工艺学校校长，他将该校和魏玛美术学院合并成为一所专门培养建筑和工业日用品设计人员的高等学院，称为"公立包豪斯学校"，简称"包豪斯"。

格罗皮乌斯在包豪斯按照自己的观点实行了一套新的教学计划与方法。教学计划分为三部分：第一，预科教学，为期 6 个月。学生主要在实习工厂中了解和掌握不同材料的物理性能和形式特征。同时还上一些设计原理和表现方法的基础课。第二，技术教学，为期 3 年。学生以学徒身份学习设计，试制新的工业日用品，改进旧产品使之符合机器大生产的要求。期满及格者可获得"匠师"证书。第三，结构教学，有培养前途的学生，可留校接受房屋结构和设计理论的训练，结业后授予"建筑师"称号。

在教学方法上，主要有五个特点：第一，在设计中强调自由创造，反对模仿因袭、墨守成规；第二，将手工艺与机器生产结合；第三，强调各门艺术之间的交流融合，提倡工艺美术和建筑设计向当时已经兴起的抽象派绘画和雕刻艺术学习；第四，培养学生既有动手能力又有理论素养，为此，学院教育把车间操作同设计理论教学结合起来；第五，将学校教育与社会生产挂钩，包豪斯师生所做的工艺设计常常交给厂商投入实际生产。

包豪斯打破了学院式教育的条框，使设计教学与生产发展取得了紧密的联系。包豪斯师生在设计建筑和实用美术品时，注重满足实用要求，努力发挥新材料和新结构的技术性能和美学性能，摒弃了附加的装饰，追求材料自身的质地和色彩的搭配效果，注重发挥结构本身的形式美，发展了造型简洁、灵活多样的非对称构图手法，从而产生了一种新的艺术风格——"包豪斯风格"。这种风格体现在包豪斯师生创作的许多作品之中，包括家具、建筑、器皿、灯具、织物等，如图 11.7 所示。

在家具设计方面，布劳埃设计的钢管椅是最具代表性的。布劳埃是包豪斯的毕业生并留校任教，1925 年他以金属代替木材，设计出第一把钢管椅——华西莱椅，如图 11.8 所

图 11.7　包豪斯设计作品

图 11.8　布劳埃设计的华西莱椅

示，他成为使用钢管制作家具的创始人。钢管椅充分利用了材料的特性，造型简洁新颖，轻巧灵便，可以折叠、拆装，易搬运。布劳埃以后还设计了一系列简洁、美观而实用的钢管家具，在市场上畅销不衰。

1923 年，包豪斯举行了第一次展览会，展出了设计模型、学生作业及绘画与雕塑等，取得了很大成功，受到欧洲许多国家设计界和工业界的重视与好评。在建筑方面，包豪斯的师生协作设计了多处讲究功能、采用新技术和形式简洁的建筑，如德绍的包豪斯校舍、学校教师住宅等。他们还试建了预制板材的装配式住宅；研究了住宅区布局中的日照及建筑工业化、构件标准化和家具通用化的设计和制造工艺等问题，对建筑的现代化影响很大。

2. 主要代表作品

（1）法古斯工厂

1911 年，格罗皮乌斯与 A ·迈耶合作设计了法古斯工厂，如图 11.9 所示，这是一个制造鞋楦的厂房。厂房的布置和体型主要依据生产的需要进行设计，打破了对称的格式，建筑采用平屋顶，没有挑檐，在长达 40m 的外墙面上，除了支柱外，由大面积玻璃窗和金属板窗下墙组成幕墙，幕墙安装在柱子的外皮上，使墙面简洁整齐，越发轻巧。在建筑的转角部位，取消了角柱，玻璃和金属板幕墙连续转过去，充分发挥了钢筋混凝土楼板的悬挑性能，使建筑立面产生了与众不同的通透效果，如图 11.10 所示。

法古斯工厂总体呈现以下特点：

①非对称的构图；②没有挑檐的平屋顶；③简洁整齐的墙面；④大面积玻璃窗；⑤取

图 11.9 法古斯工厂

消柱子的建筑转角处理。这些手法与钢筋混凝土结构的
性能一致，符合玻璃和金属的特性，既满足建筑的功能
需要，又产生了一种新的建筑形式美。

码 11-1 包豪斯
校舍

（2）包豪斯校舍

1925 年，包豪斯从德国魏玛迁到德
绍，格罗皮乌斯为这所学校设计了新校
舍，如图 11.11 所示。

新校舍的建筑面积接近 10000m^2，
平面为两个倒插的"L"形。格罗皮乌

图 11.10 法古斯工厂转角处理

斯按照各部分的功能性质，把整个建筑大体分为三个部
分：第一部分是包豪斯的教学用房，主要为各科的工艺
车间，采用 4 层的钢筋混凝土框架结构，面向主要街
道。第二部分是包豪斯的生活用房，包括学生宿舍、饭厅和礼堂等。学生宿舍是一个 6
层小楼，位于教学楼之后，两者之间设置单层饭厅和礼堂。第三部分是职业学校用房，职
业学校是独立的，它是一个 4 层小楼，与包豪斯教学楼隔一条道路，两楼用过街楼相连，
两层的过街楼为教师及办公用房。除教学楼外，其余均为砖与钢筋混凝土混合结构，全部
采用平屋顶，外墙面为白色抹灰。

包豪斯校舍的建筑设计有以下特点：

1）以建筑物的实用功能作为出发点。按照各部分的功能需求和相互关系来确定它们
的位置及体型。由于需要充足的光线，生产车间和教室设计成框架结构和大片玻璃墙面，
位于临街处。饭厅与礼堂布置在教学楼与宿舍之间，方便联系。职业学校布置在单独的一
翼，它与包豪斯学校的入口相对而立，且正好在进入小区通路的两边，内外交通便利。

2）采用了不对称、不规整与灵活的布局和构图手法。包豪斯校舍是一座不对称的建
筑，平面体形基本呈风车形，各部分大小、高低、形式和方向不同的建筑体形有机地组合
成一个整体，有多条轴线和不同的立面特色。

(a) 校舍外观

(b) 过街楼

(c) 教学楼

(d) 学生宿舍楼

(e) 建筑细部

图 11.11　包豪斯校舍

3）充分利用现代建筑材料与结构的特点，使建筑艺术表现出现代技术的特点。整座建筑造型异常简洁，它既表达了工业化的技术要求，也反映了抽象艺术的理论，已在建筑艺术中得到了实践。包豪斯校舍几乎摈弃了任何附加的装饰，而是利用房屋的各种要素本身形成造型美。窗格、雨罩、挑台栏杆、大片玻璃墙及实墙面等被恰当地组织起来，取得简洁、富有动态的构图效果。

包豪斯校舍是在建造经费困难的条件下建造起来的，但是它较好地解决了实用功能的问题，创造了清新活泼的建筑形象。由此表明，把实用功能、材料、结构和建筑艺术紧密地结合起来，不仅取得了现代建筑的新面貌，而且可以降低造价，相对经济实惠。

包豪斯校舍是现代建筑史上的一个重要里程碑，是现代建筑理论的具体体现。

11.5　勒·柯布西耶

勒·柯布西耶是现代建筑大师，20 世纪最重要的建筑师之一，现代建筑运动的积极分子和主将、机器美学的重要奠基人。

1887 年 10 月 6 日，勒·柯布西耶出生于瑞士一个钟表制造家庭。他早年学习雕刻工艺，1907—1911 年，开始自学建筑学，不但参与各种建筑项目，还云游欧洲各国，观察、研究和学习欧洲历代建筑结构和风格特点。第一次世界大战前，他曾在巴黎建筑师 A·佩雷和柏林建筑师 P·贝伦斯处工作。1917 年移居巴黎。在这里，他认识了一大批具有前卫思想的艺术家。1920 年，他们合作创办了《新精神》杂志，他的设计思想也在这一阶段开始成熟。

1928 年他与格罗皮乌斯、密斯·凡·德·罗组织了国际现代建筑协会。

1. 建筑思想与理论

1923 年，勒·柯布西耶出版了自己的第一部论文集《走向新建筑》。这是一本宣言式小册子，其中心思想是激烈否定 19 世纪以来因循守旧的建筑观点、复古主义和折中主义建筑风格，主张创造新时代的新建筑。在书中，他提出了自己的机械美学观点，强调建筑应该是生活的机器。他赞赏用工业化方法大规模建造房屋，"住宅问题是时代的问题，在这更新的时代，建筑的首要任务是促进降低造价，减少房屋的组成构件"，让房屋进入工业制造的领域。

1926 年，勒·柯布西耶提出了"新建筑五个特点"：

(1) 房屋底层采用独立支柱；

(2) 屋顶花园；

(3) 自由的平面；

(4) 横向长窗；

(5) 自由的立面。

这些都是采用框架结构，墙体不再承重以后产生的建筑特点。勒·柯布西耶充分发挥这些特点，在 20 世纪 20 年代设计了一些同传统建筑迥异的住宅，萨伏伊别墅是其中的代表作。

2. 主要代表作品

(1) 萨伏伊别墅（建于 1928—1930 年）

如图 11.12 所示，该建筑位于巴黎附近，平面尺寸约为 22.50m×20m，采用了钢筋混凝土结构。一层 3 面均用独立支柱围绕，中心部分有门厅、车库、楼梯和坡道等。二层为客厅、餐厅、厨房、卧室和小院子。三层为主人卧室与屋顶花园。勒·柯布西耶在这里充分表现了机器美学观念和抽象艺术构图手法。长方形的上部墙体支撑在下面细瘦的立柱上，虚实对比非常强烈。他提倡的"新建筑五个特点"在这里也得到了充分展示。虽然住宅的外部相当简洁，但内部空间却相当复杂。它如同一个简单的机器外壳中包含有复杂的机器内核。

码 11-2　萨伏伊别墅

(2) 巴黎瑞士学生宿舍（建于 1930—1932 年）

勒·柯布西耶早期倡导工业化和纯净主义，轻视手工艺。他后来的建筑作品渐渐不那

(a) 建筑外观　　　　　　　　　　　　　　　　(b) 室内坡道

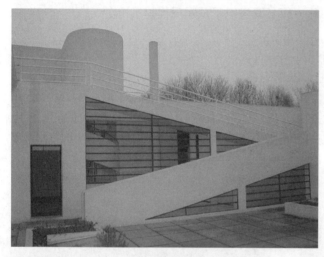

(c) 二层院子的坡道　　　　　　　　　　　　　(d) 室内楼梯

(e) 起居室

图 11.12　萨伏伊别墅

么单纯和纯净，渐渐加入了自然材料、手工技艺和乡土建筑的某些特征。巴黎大学城中的瑞士学生宿舍就是较早体现他的理念有所改变的一个实例。

如图 11.13 所示，巴黎瑞士学生宿舍主体为一座长条形 5 层楼房，建筑底层开敞，除了 6 对钢筋混凝土柱墩，其余地方用作雨廊、存车和休闲。2～5 层采用钢结构及轻质墙体，单面走道。宿舍入口、门厅和公共活动室等为单层房屋，采用不规整设计，有斜墙与曲墙。曲墙采用乱石堆筑，颇有自然质感。整个建筑体量不大却充满形式上的对比效果，有高低体量的对比、轻薄的幕墙与沉重的柱墩的对比、平直墙面与弯曲墙面的对比、光滑表面与粗糙表面的对比、机械感与雕塑感的对比、开敞通透与封闭严实的对比、机器加工效果与手工痕迹的对比等。瑞士学生宿舍设计上的这些对比手法在以后的现代建筑中常有运用。

(a) 底层架空

(b) 建筑外观　　　　　　　　　　　　　(c) 曲面墙

图 11.13　巴黎瑞士学生宿舍

11.6　密斯·凡·德·罗

密斯·凡·德·罗，1886 年 3 月 27 日生于德国亚琛。他未受过正规的建筑训练，幼时跟随父亲学习石工，对材料的性质和施工技艺有所认识，又通过绘制装饰大样掌握了绘图技巧。1908 年进入贝伦斯事务所任职，在那里学习到许多重要的建筑技巧和现代建筑思想。

1919 年他开始在柏林从事建筑设计，1926—1932 年任德意志制造联盟第一副主任，1930—1933 年任德国公立包豪斯学校校长。1937 年移居美国。

密斯·凡·德·罗的贡献在于通过对钢框架结构和玻璃在建筑中应用的探索，发展了一种具有古典式的均衡和极端简洁的风格。其作品特点是外观整洁，灵活多变的流动空间及简练而制作精致的细部。1928 年他提出的"少就是多"集中反映了他的建筑观点和艺术特色。

1. 建筑思想与理论

第一次世界大战之后，他非常活跃地参与了一系列现代建筑展览。这一时期他的建筑项目非常少，但建筑思想却很活跃。他最重要的建筑设计大部分仅仅保留在纸上，都是一些具有独特想法的设计草图，表达了他对于未来建筑的构想：标准化的、能够批量生产建造的、没有装饰的。这些设计是他日后大量建筑的精神基础、理论根源和形式模式。

对于"少就是多"，其具体内容包括两个方面：一方面是简化结构体系，精简结构构件，主张以结构不变适应功能万变。另一方面是简化建筑形式，使之成为不具有任何多余东西，只是由直线、直角、长方形与长方体组成的几何形构图。

他在 1930 年代最令人瞩目的工作是担任包豪斯的第三任校长。他对学校进行了结构的改革，将包豪斯从一个以工业产品设计为中心的教学中心，改变成为一个以建筑教育为中心的新型设计学校，为第二次世界大战后不少设计学院奠定了新的体系模式。这是他的现代设计思想的另一个重要体现。

2. 主要代表作品

（1）巴塞罗那博览会德国馆（1929 年）

这是一座无明确用途的纯标志性建筑。如图 11.14 所示，整个德国馆立在一片不高的基座上。主厅部分由 8 根十字形断面的钢柱和 1 块轻薄、简单的屋顶板组成，长 25m，宽 14m。平面非常简单，空间处理却较复杂。隔墙有玻璃和大理石两种材质，墙的位置灵活，纵横交错，有的延伸出去成为院墙，由此形成 一些既分隔又连通的半封闭半开敞的空间。室内各部分之间，室内和室外之间相互穿插，没有明确的分界。在这里，"流动空间"的概念得到了充分的体现。

这座建筑的另一个特点是形体处理非常简洁。不同构件与不同材料之间不做过渡性处理，一切都是非常简单明确。仅有的装饰因素就是两个长方形的水池与一个少女雕像。

这座建筑的美学效果除了在空间与形体上得到反映外，还着重依靠建筑材料本身的质感与颜色所造成的强烈对比来体现。不同色彩的大理石、玻璃配以挺拔光亮的钢柱，显得高贵雅致，具有新时代的特色。

（2）图根德哈特住宅（1930 年）

1930 年建成的图根德哈特住宅是他的又一名作（图 11.15）。在起居室的设计中能看到巴塞罗那博览会展馆的空间特点，流动的空间打破了墙的界限，使室内外浑然一体。

(a) 外观

(b) 俯瞰图

(c) 室内空间

图 11.14　巴塞罗那博览会德国馆

(a) 外观

(b) 起居室

(c) 全景

(d) 室内

图 11.15　图根德哈特住宅

11.7 赖特与有机建筑

赖特于 1867 年出生在美国威斯康星州，少年时代他曾在威斯康星州的农场寄居，这段日出而作、日落而息的庄园生活使他深刻地了解了自然，热爱上自然。赖特在大学学习土木工程，后来从事建筑行业。1888 年进入当时芝加哥学派建筑师沙利文等人的建筑事务所工作。1894 年，赖特在芝加哥建立自己的工作室，开始独立创业。20 世纪初，他创造了富于田园诗意的"草原住宅"，后来在这一基础上，又提出了"有机建筑"学说，为建筑学开辟了新的境界。他的建筑思想和欧洲新建筑运动的代表人物有明显差别，他走的是一条独特的道路。

1935—1939 年赖特完成了久负盛名的流水别墅。1940—1959 年是赖特一生最辉煌的时期，他获得了很多奖项和荣誉。1959 年 4 月，赖特逝世。赖特是一位杰出的浪漫主义建筑诗人，他的作品至今仍被视为世界重要文化遗产，他的建筑艺术始终给人以诗一般的享受。

1. 建筑思想与理论

赖特崇尚自然的建筑设计理念贯穿在他一生的设计创作中。他坚持认为"建筑是自然的，要成为自然的一部分"，建筑应该和它周边的环境相互和谐，就像是原来就长在那儿的一样。赖特一直崇尚材料的自然美，尊重材料的天然特性。他注意观察材料的内在性能，包括形态、纹理、色泽、力学和化学性能等，并在建筑中运用和表现它们。

赖特声称，他设计的建筑是有机建筑。他说自然界是有机的，他设计的建筑与大自然相结合，所以称为"草原式住宅"。建筑是独立式的，周围有林木茂密的花园。他吸取了美国西部传统住宅中比较自由的布局方式，创造了自己的布局：平面常为十字形，以壁炉为中心，起居室、书房、餐室围绕壁炉而布局；卧室常设在楼上。室内空间可分可合，净高可高可低，形成自由的内部空间。窗户宽敞，与室外的联系十分自然。

赖特对农村和大自然的深厚感情使他对 20 世纪美国社会生活方式的不满，他对现代大城市持批判态度，他很少设计大城市里的摩天大楼，对于建筑工业化也不感兴趣，他一生中设计得最多的建筑类型是别墅和小住宅。

2. 主要代表作品

（1）流水别墅

1934 年，德裔富商考夫曼邀请赖特在宾夕法尼亚州匹兹堡市东南郊的熊跑溪设计一座周末度假别墅。赖特经过实地考察，看中一处山石起伏、林木繁茂的风景点，这里一条小溪从岩石上跌落而下形成小瀑布，赖特别出心裁地将别墅建造在小瀑布上方，使山溪从它的底下缓缓流去。

流水别墅（图 11.16）最成功的地方是与周围自然环境的有机结合。别墅共 3 层，从外观上看，巨大的钢筋混凝土挑台自山体向前伸展出来，一层挑台向左右延伸，二层挑台向前方挑出，杏黄色的横向挑台栏板参差错叠，有凌空飞翔之势。几道用当地灰褐色片石砌筑的宛若天成的毛石竖墙交错穿插在挑台之间，将建筑牢牢地锚固在山体上，瀑布自挑台下奔流而出。建筑与溪水、山石、树木自然地结合在一起，仿佛整座建筑是由地下生长出来的。

(a) 瀑布上挑台处理

(b) 俯瞰图

(c) 室内空间

(d) 室内与室外相融

(e) 室外与自然融合

图 11.16　流水别墅

别墅的室内空间处理也堪称典范，以起居室为中心自由延伸，相互穿插，并与室外空间融合。起居室内采用磨光的片石铺地，粗犷的毛石墙，右侧的壁炉采用当地的片石砌成，一些被保留下来的岩石好像从地面下破土而出，成为壁炉前的天然装饰，加上木柴、铜壶、树墩等物件，使这里犹如天然洞府一般，充满山林野趣。一览无遗的带形窗把人的视线引向室外，使室内空间与四周繁茂的山林相互交融。起居室的左侧悬挂了一个小楼梯，从这里拾级而下，可以直达水面，楼梯洞口不仅可以俯视水面，也引来了潮润的清风。

流水别墅在完工前就已受到广泛关注，以后每年都有超过 13 万的游客访问。1963 年，考夫曼决定将别墅捐赠给宾夕法尼亚州文物保护协会。

（2）草原式住宅

草原式住宅大都属于中产阶级，坐落在郊外，用地宽阔，环境优美。

赖特于 1908 年设计的罗比住宅是其最著名的作品之一，如图 11.17 所示。罗比住宅位于芝加哥，地处美国中西部宽广的大草原，修建在芝加哥城郊一块狭长，并与城市交通干线平行的矩形地段上。开阔敞亮，屋檐伸张，想方设法让花园、植物深入建筑内部，层层的水平阳台和花台使沿街立面保持连续不断的水平线条，与美国西部广阔的草原风光构成完美的图画。

建于 1901 年的威利茨住宅（图 11.18），也是赖特"草原式住宅"的代表作之一，是儿时记忆中的乡村住宅，有着朴实的原木斜顶和明亮流畅的通透格局。位于房屋中心位置的巨大的壁炉给整个建筑带来了一种厚重感。带有斜脊的延展的屋顶，使得整幢房屋看上去与地面十分贴近，宽阔的屋檐和低矮的围墙从整体建筑物延伸出来，建筑外形上互相穿插的水平屋檐及其在墙面门窗上的落影，衬托出一幅生动活泼的图景，整个建筑与自然环境十分协调。

图 11.17　罗比住宅　　　　　　　　　　图 11.18　威利茨住宅

思考题

一、选择题

1.（单选题）1930 年接任包豪斯第 3 任校长的是（　　）。

A. 格罗皮乌斯　　　　　　　B. 密斯·凡·德·罗

C. 勒·柯布西耶　　　　　　D. 阿尔瓦·阿尔托

2.（多选题）第一次世界大战前后主要的建筑流派有（　　）。

A. 表现主义　　　　　　　　B. 风格派

C. 未来主义　　　　　　　　D. 典雅主义

E. 粗野主义

3. （多选题）现代主义建筑的设计原则为（　　　）。

A. 注重建筑使用功能，以功能需求作为设计出发点

B. 主张采用新材料、新结构，合理布置功能空间需求

C. 注重建筑的经济性，努力用最少的人力、物力、财力造出实用的房屋

D. 主张创造建筑新风格，坚决反对套用历史上的建筑造型

E. 废弃表面多余的建筑装饰

4. （单选题）创建了世界上第一个真正的设计学院——公立包豪斯学校，并担任校长的是（　　　）。

A. 格罗皮乌斯　　　　　　　B. 密斯·凡·德·罗

C. 勒·柯布西耶　　　　　　D. 阿尔瓦·阿尔托

5. （单选题）提出"有机建筑"学说的是（　　　）。

A. 格罗皮乌斯　　　　　　　B. 密斯·凡·德·罗

C. 勒·柯布西耶　　　　　　D. 赖特

6. （单选题）"草原式住宅"是建筑师（　　　）的建筑风格。

A. 格罗皮乌斯　　　　　　　B. 密斯·凡·德·罗

C. 勒·柯布西耶　　　　　　D. 赖特

7. （单选题）提出的"少就是多"的建筑师是（　　　）。

A. 格罗皮乌斯　　　　　　　B. 密斯·凡·德·罗

C. 勒·柯布西耶　　　　　　D. 赖特

8. （多选题）勒·柯布西耶提出了新建筑的特点分别是（　　　）。

A. 房屋底层采用独立支柱　　B. 屋顶花园

C. 自由的平面　　　　　　D. 自由的立面　　　　E. 横向长窗

二、判断题（对的打√，错的打×）

1. 1923 年赖特出版了《走向新建筑》，提出了房屋建筑是居住的机器，同年他设计的"雪铁罗翰住宅"几年后被理论界总结为现代建筑的 6 条基本原则。（　　　）

2. 格罗皮乌斯是现代主义建筑设计、现代设计教育最重要的奠基人之一，同时还是杰出的教育家、思想家和理论家。（　　　）

3. 1928 年勒·柯布西耶与格罗皮乌斯、密斯·凡·德·罗组织了国际现代建筑协会。（　　　）

4. 萨伏伊别墅是赖特的主要代表作。（　　　）

三、问答题

1. 简述现代主义建筑的设计原则。

2. 简述勒·柯布西耶主要建筑思想和主要代表作的特点。

码 11-3　第 11 讲
思考题参考答案

绘图实践题

请用 A4 绘图纸抄绘图 11.16 流水别墅，也可以根据搜索到的资料进行绘制。

第**12**讲

现代主义之后的建筑进展

Chapter **12**

学习目标

知识目标：

1. 了解第二次世界大战后的建筑活动和各国战后建筑工业化发展的特点；
2. 了解当代主要建筑思潮。

能力目标：

1. 能简要分析当代建筑的形式；
2. 具备初步的建筑作品鉴赏能力。

思维导图

现代主义之后的建筑进展

- 第二次世界大战后的建筑活动
  - 第二次世界大战后各国建筑活动概况
  - 第二次世界大战后各国建筑工业化发展特点
- 当代主要建筑思潮
  - 理性主义的发展与成长
  - 讲究人情化和地方性的倾向
  - 粗野主义的倾向
  - 典雅主义的倾向
  - 讲求技术精美的倾向
  - 注重高度工业技术的倾向
  - 讲求个性与象征的倾向
  - 后现代主义
  - 解构主义

问题引入

了解普利茨克建筑奖。

普利茨克建筑奖（The Pritzker Architecture Prize）设立于 1979 年，是由美国海亚特基金会（The Hyatt Foundation）设立的国际性奖项。该奖项是在全世界范围内，每年度提名并授予一位正在进行建筑行业工作的建筑师，以表彰其在建筑设计中所表现出来的才华和献身精神，以及他（她）通过建筑艺术的行为在创造人工环境方面所做出的持久努力和杰出的贡献。

普利茨克建筑奖一向被认为是国际建筑界最具影响力的奖项，并被世人称为"建筑界的诺贝尔奖"。普利茨克建筑奖从 1979 年开设起，至 2022 年已产生多位获奖者。如图 12.1 所示为部分获得普利茨克建筑奖的建筑师的作品。

(a) 中国美术学院象山校区教学楼外观(2012年，王澍，中国)

(b) 仙台媒体中心(2013年，伊东丰雄，日本)

(c) 德国慕尼黑奥林匹克体育场
(2015年，弗雷·奥托，德国)

(d) 西班牙赫罗纳的拉利拉广场
(2017年，RCR建筑事务所，西班牙)

(e)金塔蒙罗伊住宅项目(2016年，亚历杭德罗·阿拉维纳，智利)

图 12.1　部分获得普利茨克建筑奖的建筑师的作品（一）

(f) 甘多小学(2022年，迪埃贝多·弗朗西斯·凯雷，布基纳法索)

图 12.1　部分获得普利茨克建筑奖的建筑师的作品（二）

第二次世界大战后的建筑活动

1. 第二次世界大战后各国建筑活动概况

第二次世界大战给世界各国人民带来了空前残酷的灾难，给各国建筑带来了史无前例的破坏。战后各国需要大力发展经济，特别是建筑业需要迅速发展，因为战争给千百万人民带来的空前灾难是流离失所、无家可归，这些人急需遮蔽所。随着建筑业一同发展起来的有建筑材料工业、建筑设备工业、建筑机械工业以及建筑运输工业。由于世界的政治、经济发展不平衡，所以建筑发展也出现了多元化，但大规模的重建必须考虑经济性，现代主义建筑就成为当时最盛行的主流建筑。

在第二次世界大战期间英国的各个主要城市都遭到破坏，包括居民住宅、工业和商业中心，就连重要的历史文物建筑也未能幸免。因此，战后面临重建的重任。1944 年英国设计师和政府一同提出了"大伦敦计划"草案，计划主要是通过建立市中心区域和辅助区域分散城市压力，并把这个规划方案用于英国其他城市建设。1951 年英国宣布全国复兴计划，要新建规模庞大的住宅和配套的公共设施、大型公共建筑、交通基础设施和商业设施等，政府的大量投入给建筑业带来了巨大的机会。由于经济的原因，建筑物的建造成本必须低廉、功能性好、采用现代建筑材料、不能有装饰细节，而且是面向广大群众大批量建设的，现代主义建筑由此确立。

第二次世界大战中，意大利受损程度比德国轻。战争结束后意大利还是一个落后的农业国，但是到了 1970 年它的工业产值就位居世界第七。意大利的建筑风格具有本身的特色，他们的建筑师认为设计应该是哲学、文化和艺术的有机结合。意大利在第二次世界大战后的重建工作主要以多层住宅建设为主，但是其室内设计和家具设计水平是世界最高的，广受喜爱。20 世纪 20 年代的现代主要建筑思潮也给意大利带来了很大影响，较早时期就发展了高层建筑，如吉奥·庞地与奈尔维等人 1956—1959 年设计的米兰皮瑞利大楼（图 12.2），这是一个影响现代主义风格里程碑的建筑。

图 12.2　米兰皮瑞利大楼

　　法国在第二次世界大战中遭到的破坏很大，城市基本夷为平地，建筑任务非常繁重，急需解决居住问题。1947 年法国全面开始重建城市工作。为了解决迫在眉睫的居住紧张问题，采用预制建筑构件，进行多种装配，这种方式打破了原有现浇模式，建造速度快，成本低廉，出现了多元化特点。为了把巴黎建设为一个浪漫的文化都市，1961 年法国在巴黎外围规划 5 个新开发区，把工业全部迁移到新开发区，其中拉·德方斯（图 12.3）是比较突出的商业区，是改造大都市最典型的实例。

　　美国在第二次世界大战期间，没有受到战争的损失，而且许多杰出的建筑家涌入了美国，所以美国的建筑设计理论和建筑设计教育等方面都处于世界领先地位。20 世纪 40 年代到 50 年代期间，兴起了现代主义建筑，带动了高层建筑的发展，如西格拉姆大厦（图 12.4）、利华大厦（图 12.5）等。20 世纪 60 年代后期发展的超高层建筑，如芝加哥西尔斯大厦（图 12.6）、纽约世界贸易中心（图 12.7）等都达到 100 层以上。美国的建筑特点离不开它的国家经济基础、文化意识和国民结构特色，既有低收入家庭住宅，又有高标准的公共基础设施。

图 12.3　巴黎拉·德方斯

图 12.4　西格拉姆大厦

图 12.5　利华大厦

图 12.6　芝加哥西尔斯大厦

图 12.7　纽约世界贸易中心

2. 第二次世界大战后各国建筑工业化发展特点

第二次世界大战以后，随着整个科学的发展以及工业技术的不断前进，各国相继走上建筑工业化的道路。

建筑工业化的发展，首先得益于新型建筑材料的研制与发展。这样不但可以节约材料资源，还拓宽了建筑工业化应用范围。如合成材料塑料、合成树脂、铝合金、玻璃等的生产及应用，高强度混凝土、轻骨料混凝土、纤维混凝土等的研制与应用，都大大地促进了建筑工业化的发展。纵观各国的建筑工业化方法，主要有以下几种。

（1）发展预制装配式结构建筑

预制装配式结构建筑的特点是将建筑主要构件在工厂加工制作，然后运到现场进行装配。

（2）发展工业化建造体系

通过 20 世纪 50 年代以后十几年的发展，各国将工厂预制构件和施工现场有效地结合起来，形成最理想的施工方式，从而构成了各自完整的建造体系。这些体系从专用发展到通用，使建筑工业化程度越来越高。

（3）发展高层建筑

发展高层建筑，可以在有限的土地上最大限度地增加使用面积，解决住房缺乏以及城市规划等一系列问题；还可以扩大市区空地，有利城市绿化，改善环境卫生；在建筑群布局上，可以改善城市面貌，丰富城市景观。

1972 年国际高层建筑会议规定，高层建筑的划分一般以层数多少划分为四类：

第一类高层：9～16 层（最高到 50m）；

第二类高层：17～25 层（最高到 70m）；

第三类高层：26～40 层（最高到 100m）；

第四类高层：超高层建筑，40 层以上（100m 以上）。

以上规定具有普遍的意义，但不少国家都有自己的划分标准。

（4）发展大跨度建筑

纵观大跨度建筑的结构形式，除了传统的梁架或桁架屋盖外，还有各种钢筋混凝土薄壳与折板、悬索结构、网架结构、钢管结构、张力结构、悬挂结构、充气结构等。

12.2　当代主要建筑思潮

第二次世界大战后，现代建筑设计的思想、原则广泛被人们接受，此时期的建筑思潮、建筑活动与战前相比有很大的变化。建筑理论的探索特别活跃，但它们都以现代建筑为主导，总的原则是主张创新，建筑要有新的功能，新的形式；强调建筑应该与新技术、新材料相结合，认为建筑空间是建筑的主体；建筑的美是通过建筑空间的多种组合表现出来。纵观第二次世界大战后的建筑思潮，大致可分为三个阶段：

码 12-1　当代主要建筑思潮

第一阶段是 20 世纪 40 年代末至 50 年代末。这个时期有 2 种建筑思潮，一种是理性主义的发展与成长，另一种是讲究人情化和地方性的倾向。

第二阶段是 20 世纪 50 年代末至 60 年代末。现代建筑开始进入多元化时期，表现为粗野主义的倾向、典雅主义的倾向、技术精美的倾向、高度工业技术的倾向及讲究"个性"的倾向。

第三阶段是 20 世纪 60 年代末以后。现代建筑沿着多元化道路发展，但表现出了将现代建筑理论和风格推向极端，由此可称之为后现代主义时期，它包含了现代主义之后的各种建筑活动，包括后现代主义、解构主义风格等。

图 12.8　哈佛大学本科生科学中心

1. 理性主义的发展与成长

理性主义在两次世界大战之间形成，以格罗皮乌斯、勒·柯布西耶等为代表，主要是强调功能，强调理性在建筑中的重要作用，因此称为"功能主义""国际主义"，千篇一律以方盒子、平顶屋、横向长窗的形式出现，同时还具有现代建筑的特点。其代表性作品是 1950 年格罗皮乌斯领导协和建筑设计事务所设计的哈佛大学研究生中心和塞尔特 1963—1965 年设计的皮博迪公寓、1973 年设计的哈佛大学本科生科学中心（图 12.8）。该科学中心是一个多功能的综合体，建筑内空间布局合理，建筑面积 2700m^2，建筑主体南端高 3 层，阶梯状向北延伸，北端高 9 层，外墙采用预制板。

2. 讲究人情化和地方性的倾向

这种建筑倾向既讲技术，又讲形式，而在形式上又强调自己特定的倾向，也就是"偏人情化"。讲究"人情化"和"地方性"倾向的代表人物是芬兰的阿尔托，他认可建筑必须讲经济，但也在两次世界大战之间指出现代建筑是只讲经济而不讲人情的技术功能主义。他认为建筑除了解决人们生活功能的需求，还应该满足心理情感的需要。在空间设计上，提倡不一致性、层次感；外形上，不应该只有横平竖直，更应该用曲线波浪线给建筑赋予感情；在建筑体量上，强调合适的使用尺度。这一流派的代表作是阿尔托 1951 年设计的珊纳特塞罗市政中心（图 12.9）。

图 12.9　珊纳特塞罗市政中心

3. 粗野主义的倾向

粗野主义的倾向最早由英国史密森夫妇提出，他们认为建筑就应该是以结构与材料的真实表现为准则，突出建筑结构与材料，体现服务功能。粗野主义的特点是粗糙的混凝土，沉重的构件和它们的粗鲁结合。其代表作有柯布西耶设计的马赛公寓大楼（图12.10）、昌迪加尔高等法院（图12.11）。粗野主义主要流行于 20 世纪 50 年代中期到 60 年代中期。

图 12.10　马赛公寓大楼

图 12.11　昌迪加尔高等法院

4. 典雅主义的倾向

典雅主义致力于运用传统的美学法则使现代材料与结构产生规整与典雅的庄严感，这恰恰与粗野主义相反，又称为"新古典主义"。典雅主义讲究结构精细，表面处理简单、干净利落，其主要流行于美国，代表人物是约翰逊、斯东和雅马萨奇。其主要代表作品是 1955 年斯东主导设计的美国驻印度新德里大使馆（图 12.12）。

图 12.12　美国驻印度新德里大使馆

5. 讲求技术精美的倾向

20 世纪 40 年代末至 50 年代中后期讲求技术精美的倾向占主导地位，最先在美国流行，设计方法上比较"重理"。讲求技术精美的倾向的代表人物是密斯·凡·德·罗，他主张"少就是多"。其主要代表作品有范斯沃斯住宅（图 12.13）、湖滨公寓、西格拉姆大厦（图 12.4）、伊利诺理工学院克朗楼（图 12.14）、西柏林国家美术馆（图 12.15）、通用汽车技术中心等。

图 12.13　范斯沃斯住宅

图 12.14　伊利诺理工学院克朗楼

图 12.15　西柏林国家美术馆

6. 注重高度工业技术的倾向

20 世纪 50 年代末发展了注重高度工业技术的倾向，主要是在建筑中采用新技术，其特点一方面是主张采用最新材料制造、体量轻、用料少、能够快速与灵活地装配、拆卸与改造；另一方面是在设计上，强调系统设计和参数设计。注重高度工业技术的倾向与当时社会上高速发展的高度工业技术是密不可分的。

其最具特点和代表性的作品是皮亚诺和罗杰斯设计的巴黎蓬皮杜国家艺术与文化中心（图 12.16）。

7. 讲求个性与象征的倾向

讲求个性与象征的倾向主张在建筑形式上变化多端，这一流派的建筑师们对千篇一律的现代建筑风格感到厌烦。其设计特征是：运用几何形构图；运用抽象的或具体的象征；这种倾向的设计师通常不与他人结派，而是把自己固定在某一种手法上，根据自己的设计思路达到自己想要的预期效果。其设计的代表作有美国华裔建筑师贝聿铭设计的美国华盛顿国家美术馆东馆（图 12.17）；勒·柯布西耶设计的朗香教堂（图 12.18）；小沙里宁设计的纽约肯尼迪航空港候机楼（图 12.19）和伍重设计的悉尼歌剧院（图 12.20）。

图 12.16　巴黎蓬皮杜国家艺术与文化中心

图 12.17　美国华盛顿国家美术馆东馆

图 12.18　朗香教堂

图 12.19　纽约肯尼迪航空港候机楼

图 12.20　悉尼歌剧院

8. 后现代主义

第二次世界大战结束之后，现代主义建筑在世界许多国家有着举足轻重的地位，但是从 20 世纪 60 年代开始，现代主义建筑的设计思路和原则开始遭受批评和质疑，批评者认为现代建筑设计忽视了人的情感，忽视了与原有建筑和历史文化的传承，机械化复制，没有感情。因此，建筑界面临一场大变革，要改变原有的建筑原则和方向，丰富建筑装饰面貌，形成一种新的建筑思潮，这被称为后现代主义。

最早在建筑上提出后现代主义的是美国建筑家罗伯特·文丘里（Rorbert Venturi），他主张采用两个方面的装饰因素来丰富建筑，一是借鉴西方历史建筑因素，二是参考美国的商业文化，并且符合20世纪青年一代的审美要求。罗伯特·文丘里1966年出版的《建筑的复杂性和矛盾性》较完整地提出后现代主义建筑的指导思想和理论原则。书中主要观点包括建筑本身的复杂性和矛盾性，并提出了如何兼容并蓄、矛盾共处。1969年，他借鉴历史建筑因素，以戏谑的方式为其母亲设计和建造了"栗子山住宅"（图12.21），这是最早具有完整后现代主义特征的建筑。

(a) 栗子山住宅外立面

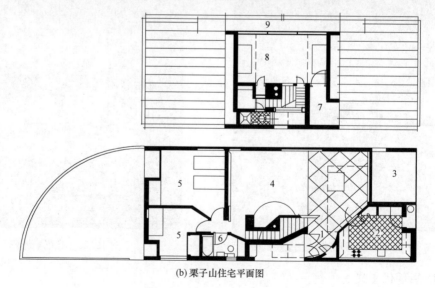

(b) 栗子山住宅平面图

图 12.21　栗子山住宅

1—玄关；2—厨房；3—门廊；4—客厅；5—卧室；6—卫生间；7—衣帽间；8—工作室；9—阳台

罗伯特·文丘里还公开提出不赞同密斯·凡·德·罗"少就是多"的原则，他认为"少则厌烦"，主张建筑应该具有个性化的丰富装饰，不要千篇一律。

美国设计家查尔斯·莫尔是后现代主义杰出的设计家，他善于利用历史建筑符号，结合艺术美学设计建筑。他于 1977—1978 年设计的路易斯安那州新奥尔良市"意大利广场"（图 12.22）是后现代建筑的重要代表作品之一。广场前面有一片浅水池，水池中的石块组成的是意大利地图，铺地材料组成一圈圈的同心圆，即广场以西西里岛为中心。广场有两条通路与大街连接，一个进口处有拱门，另一进口处为凉亭，都与古代罗马建筑相似。广场上的这些建筑形象准确无误地表明它是意大利建筑文化的延续。

图 12.22　新奥尔良市"意大利广场"

菲利普·约翰逊经历了现代主义运动和后现代主义运动，他是从理论研究发展起来的设计师，他于 1978—1984 年设计的"美国电报电话公司大厦"（图 12.23）也是后现代建筑的重要代表作品之一。这栋大厦用了 13000t 磨光花岗石做饰面，建筑主体 37 层，分成 3 段，顶部是一个三角形山墙，中央上部形成一个圆形凹口，加强了建筑的对称性。

9. 解构主义

解构主义是从结构主义演化而来的，在 1967 年前后由法国哲学家贾克·德里斯提出，但解构主义的设计风格探究是 20 世纪 80 年代开始的。解构主义的代表人物有弗兰克·盖里、伯纳德·屈米、彼得·埃森曼、扎哈·哈迪特、夫尼·雷柏斯金、库柏·辛门布劳，其

图 12.23　美国电报电话公司大厦

中影响最大的是弗兰克·盖里，他是世界上第一个解构主义建筑设计师。

解构主义主要是通过肢解现代主义或者国际主义的实际组成部分，进行分解、叠加或者重组，反对整体统一，创造解剖式和不确定感。解构主义最大的特色是反权威、反中心、反二元对抗、反黑白颠倒。

解构主义的代表作品有弗兰克·盖里设计的美国洛杉矶迪士尼音乐厅（图 12.24）、西班牙毕尔巴鄂古根海姆博物馆（图 12.25），伯纳德·屈米设计的巴黎拉维莱特公园（图12.26），德国建筑师贝尼希设计的德国斯图加特大学太阳能研究所（图 12.27）。

图 12.24 美国洛杉矶迪士尼音乐厅　　　　图 12.25 西班牙毕尔巴鄂古根海姆博物馆

图 12.26 巴黎拉维莱特公园

图 12.27　德国斯图加特大学太阳能研究所

思考题

一、选择题

1. （多选题）自第二次世界大战以后，各国的建筑工业化方法，基本有以下几种（　　）。

A. 发展预制装配式结构建筑　　　　　　B. 发展工业化建造体系

C. 发展高层建筑　　　　　　　　　　　D. 发展大跨度建筑

E. 有机建筑

2. （多选题）理性主义建筑也称为"功能主义""国际主义"建筑，其特点有（　　）。

A. 千篇一律以方盒子、平顶屋、横向长窗的形式出现

B. 同时还具有现代建筑的特点

C. 采用预制建筑构件，进行多种装配

D. 高度都达到 100 层以上

E. 建造成本必须低廉、功能性好、采用现代建筑材料、不能有装饰细节

3. （单选题）1972 年国际高层建筑会议规定，超高层建筑为（　　）。

A. 40 层以上（100m 以上）　　　　　　B. 26～40 层（最高到 100m）

C. 17～25 层（最高到 70m）　　　　　　D. 9～16 层（最高到 50m）

4. （单选题）讲究人情化和地方性的倾向，这种建筑倾向既讲技术，又讲形式，而在形式上又强调自己特定的倾向，也就是"偏人情化"，这种观点的代表人物是（　　）。

A. 格罗皮乌斯　　　　　　　　　　　　B. 勒·柯布西耶

C. 阿尔托　　　　　　　　　　　　　　D. 约翰逊

5. （单选题）粗野主义认为建筑就应该是以结构与材料的真实表现为准则，突出建筑结构与材料，体现服务功能。粗野主义的特点是粗糙的混凝土，沉重的构件和它们的粗鲁结合。粗野主义的倾向最早由（　　）提出。

A. 史密森夫妇　　　　　　　　　　　　B. 阿尔托

C. 约翰逊　　　　　　　　　　　　　　D. 雅马萨奇

6. （单选题）讲究"人情化"和"地方性"的倾向的代表作是（　　）。

A. 美国华裔建筑师贝聿铭设计的美国华盛顿国家美术馆东馆

B. 阿尔托 1951 年设计的珊纳特塞罗市政中心

C. 皮亚诺和罗杰斯设计的巴黎蓬皮杜国家艺术与文化中心

D. 柯布西耶设计的马赛公寓大楼

7.（单选题）由直线、直角组成的钢和玻璃方盒子，简化结构体系的设计倾向是（　　）。

A. 讲究"个性"与"象征"的倾向　　　　　　B. 粗野主义的倾向

C. 注重高度工业技术的倾向　　　　　　　　D. 讲究技术精美的倾向

8.（多选题）典雅主义建筑的特点有（　　）。

A. 致力于运用传统的美学法则使现代材料与结构产生规整与典雅的庄严感

B. 典雅主义讲究结构精细，表面处理简单、干净利落

C. 主要流行于美国

D. 主张"少就是多"

E. 设计方法上比较"重理"

9.（多选题）讲究个性与象征的建筑设计特征有（　　）。

A. 运用几何形构图

B. 运用抽象或具体的象征

C. 这种倾向的设计师通常不与他人结派

D. 把自己固定在某一种手法上，根据设计思路达到自己想要的预期效果

E. 在设计上，强调系统设计和参数设计

二、判断题（对的打√，错的打×）

1. 注重高度工业技术倾向主张采用最新材料制造，体量轻、用料少、能够快速与灵活地装配、拆卸与改造的建筑。（　　）

2. 从 20 世纪 60 年代开始，建筑界需要面临一场大变革，改变原有的建筑原则和方向，丰富建筑装饰面貌，形成一种新的建筑思潮，被称为解构主义。（　　）

3. 后现代主义主要是通过肢解现代主义或者国际主义的实际组成部分，进行分解、叠加或者重组，反对整体统一，创造解剖式和不确定感。（　　）

三、问答题

1. 第二次世界大战后的建筑思潮分为哪几个阶段？其分别包含哪些内容？

2. 在第二次世界大战之后，英国的新建建筑都有什么特点？

绘图实践题

请用 A4 绘图纸完成下列图形的抄绘实践。

1. 抄绘图 12.18 朗香教堂，也可以根据搜索到的资料进行绘制。

2. 抄绘图 12.21 栗子山住宅外立面和平面图，也可以根据搜索到的资料进行绘制。

码 12-2　第 12 讲思考题参考答案

参 考 文 献

[1] 潘谷西. 中国建筑史 [M]. 7版. 北京：中国建筑工业出版社，2015.
[2] 袁新华 焦涛. 中外建筑史 [M]. 3版. 北京：北京大学出版社，2017.
[3] 李宏. 中外建筑史 [M]. 2版. 北京：中国建筑工业出版社，2009.
[4] 吴薇. 中外建筑史 [M]. 北京：北京大学出版社，2014.
[5] 王明贤. 名师论建筑史 [M]. 北京：中国建筑工业出版社，2009.
[6] 刘郭桢. 中国古代建筑史 [M]. 2版. 北京：中国建筑工业出版社，1984.
[7] 王其钧. 华夏营造 中国古代建筑史 [M]. 北京：中国建筑工业出版社，2005.
[8] 梁思成. 中国建筑史 [M]. 天津：百花文艺出版社，2004.
[9] 林徽因. 林徽因谈建筑 [M]. 赤峰：内蒙古科学技术出版社，2018.
[10] 林徽因. 谁把古城筑成了浮生 建筑篇 [M]. 北京：中国友谊出版公司，2018.
[11] 陈志华. 外国建筑史 [M]. 4版. 北京：中国建筑工业出版社，2010.
[12] 王受之. 世界现代建筑史 [M]. 北京：中国建筑工业出版社，1999.
[13] 刘先觉，汪晓茜. 外国建筑简史 [M]. 2版. 北京：中国建筑工业出版社，2018.